台大資深兒科醫師，完全解答父母0～1歲育兒疑難

照著[illegible]媽不緊張，寶寶超健康

修訂版

台大醫院北護分院小兒科醫師 湯國廷◎著

新手父母

兒科醫師在我家，減輕父母的緊張

文／沈仲敏　國泰醫院新生兒科主治醫師

歲月匆匆，要提筆寫序，才發現認識國廷已經二十餘年了。

由於是大學同學，我們共渡了一段青澀時光，印象中，他總是文質彬彬、溫文有禮、笑容可掬。後來國廷選擇小兒科，更覺得理所當然，一位兒科醫師需具備的特質：細心、熱心、愛心與耐心，都可以在他的身上發現。

一直以來都知道國廷在工作表現上非常傑出，也受到病人及家屬的愛戴，有很好的評價；但是知道國廷要出書倒是令我驚訝，因為這可是要花很多時間和精力的差事啊！直到我細細讀了國廷的書才了解其用心，更深深感到佩服，原來是為了「解救蒼生」啊！

現代人生得少，育兒的經驗較不足，尤其是新手父母，常常會為了一點很小的問題深感挫折；也許抱頭痛哭，也許大吵一架，在迎接新生命的喜悅之後，接踵而來的卻是無盡的折磨。

身為兒科醫師及母親的我也很能感同身受，經常也想把門診常遇到的問題集結和新手父母分享，減少其育兒壓力，但是卻一拖再拖，始終是紙上談兵，直到看到了國廷的書才大大鬆了一口氣並且感到振奮。因為終於有兒科醫師做了這件事，並且做得太好了，他把育兒常識、心智發展及疾病須知都介紹得很清楚，同時也釐清了很多觀念，可以作為新手父母的育兒手冊。

其實很多嬰幼兒常有的狀況並不是疾病，而是一些生理現象，卻因此引起家長的恐慌。雖然網路資訊發達，但是有時容易斷章取義或是不知如何選擇正確的訊息，反而造成了誤解而害怕。

有了這本書，真是讀者的福音。相信讀過這本書的新手父母不但對育兒會較有把握，也可以把它當成工具書，針對遇到的問題查詢；它就好像家中有一位兒科醫師，可以隨時諮詢，大大減輕了父母育兒的緊張。身為兒科醫師，我非常推薦這本書，相信可以對新手父母帶來幫助！

值得信賴的專業寶寶照顧全書

文／黃亮迪　萬芳醫院小兒部部主任

在兒科門診的候診室裡，總是有一群憂心忡忡的家長，帶著不到幾個月的新生寶寶，焦急的在診間外等候。這些寶寶就診的真正問題，大多是新手父母親想要詢問寶寶身上一些無法理解的發現，包括：皮膚疹、睡姿、呼吸聲音、嬰兒餵食、脹氣、打嗝、哭鬧不安等，有的甚或只是帶來給醫師「檢查一下」確認狀況而已。

這些不到六個月大的寶寶，在門診嘈雜的環境下，大多顯得不安，可是父母親又想把問題一次問個夠，常常弄得大家不知所措。推究其原因，這些狀況不是什麼大問題，經就診後雖得到解答，但卻是大費周章。

「第一個寶寶是照書養」——此書道盡了新手父母親的心聲。因為有太多的「不知道」導致新手父母親照顧寶寶的焦慮。坊間育兒相關書籍雖然多，家長仍想找信賴的醫師求證。

湯醫師願意付出心血，累積門診相關的衛教知識及經驗，編輯成冊，內容涵蓋所有新生寶寶常見的問題，深入淺出，不僅替代了醫師門診費心的衛教，同時也解除家長的困惑，不啻為新手父母親的育兒寶典。

我與湯醫師認識多年，他一直是個溫文儒雅、謙恭有禮的好醫師，對待病人，他都能視病猶親，全心全意幫助病患解決病痛，在醫療工作上，他也是一位可以互相協助的好夥伴，欣聞湯醫師要出書，而且內容如此詳盡，足為新手父母親帶來豐富的育兒知識，在此鄭重推薦。

正確、充足的育兒知識，輕鬆面對寶寶！

文／曾玉佩媽媽

一知道湯醫師要出書的好消息，心裡第一個想法是：「家中有幼兒的爸媽們有福了！」還記得第一次見到湯醫師是在兒童門診。因為大女兒已經咳嗽近一個月，咳得非常厲害，甚至在夜裡一咳就是三十分鐘，咳不停甚至是咳到無法入睡。在住家附近的診所就醫，吃了近一個月的藥，不但情況沒有改善，反而更加嚴重了。

當時心裡真的很擔憂，不知怎麼處理。後來經由好朋友的推薦之下，才到了湯醫師的兒童門診就醫，經由湯醫師細心的診斷和X光檢驗，我們才知道原來她不是一般的感冒，而是肺部受到黴漿菌感染，才會咳得如此嚴重，很慶幸地及時來到湯醫師的門診治療，我的寶貝大女兒很快的就痊癒了！「萬幸沒有感染引發肺炎呢！」

以前我對醫師的印象，總是冷冷酷酷的，高高在上的，沒什麼親和力……。

有時想多問些問題，心裡還會怕怕的，怕醫生給臉色看！自從遇到湯醫師後，才徹底顛覆了我對醫生的刻板印象。他在醫學上的專業與專精讓我們很信任及敬佩他。他對每個小小病患及家長們都充滿愛心、細心、耐心、關心……不曾改變過。真的是一位非常難得可貴的好醫生。

回想起第一次當媽媽時，雖然洋溢滿腔濃濃的喜悅。由於沒有育兒經驗，也沒有做好育兒的功課，對於寶寶的各種奇奇怪怪的疑難雜症真的讓我頭痛不已。憶起迎接寶寶參與我們的新生活，一則喜，一則憂的矛盾心情，現在還記憶猶新！

看到這本書的書稿，真是道盡我當時的心情，天生就是緊張大師的我，面對育兒的所有問題，頓時都成了最大的難題！心裡只有一個想法：「小孩好難帶哦！為什麼這麼愛哭，肚子餓也哭，喝完奶也哭，到底該怎麼照顧才是正確的？」

現在的新手爸爸媽媽們有福了，從母乳哺育、寶寶的睡眠、健康、生活照顧……等，在這本書裡都有詳盡的問題解析，讓爸爸媽媽在照顧寶寶時，能從容不慌亂，有正確且充足的育兒知識，與寶貝相處的時光，能更輕鬆面對，享受其中！這是一本值得珍藏與最完善的0至1歲育兒指南。

讓媽媽安心、放心的圖文育兒工具書

文／姜庭甄媽媽

當個新手媽媽真的很不容易，記得生產完剛從醫院接回小寶貝時，小從餵母奶，大至半夜哭鬧、夜奶不斷等，都讓我傷透腦筋，寶寶吃得夠不夠？大小餐不定是生病嗎？為什麼白天睡得像天使，晚上卻哭得像惡魔？

新生兒的種種問題常讓我束手無策，而在這本書裡，我找到了解答。湯醫師在書中統整了養育0至1歲寶寶最常見的問題，幾乎讓我育兒生活裡所產生的疑問，都在這本書裡找到了答案，書中有一段話說，「不要跟孩子CC計較」，真的說到媽媽的心坎裡，相信妳也會有這種體悟。

在母奶銜接副食品的過程裡，我也曾經當過偏執的媽媽，希望寶寶吃得好、吃得健康及吃得安全，種種的堅持，讓我一度精疲力盡地想放棄。

所幸，看完書後，讓我及時找回正確的觀念：讓孩子自己選擇「量」，而當父母的我們，只需準備適合進餐的好環境及好食物，至於吃多、吃少，就留給孩子自己決定吧！不要給自己及孩子過多的壓力，放寬心地餵養，孩子自然而然就會長大。

針對如何在家觀察孩子是否是生病或正常的情形，湯醫師在書中也貼心地提供充分的圖片來讓媽媽比對及了解，讓我安心不少。此外，寶寶小至身上莫名的紅疹、寶寶該打的疫苗、生病時大致照顧方法及用藥安全知識等，都有詳細地陳述，相信可讓妳少跑很多趟醫院。

這本書融會了湯醫師的育兒精華，真的是一本值得推薦的育兒工具好書，希望妳會像我一樣受用無窮。

這麼實用的書，早幾年出版該有多好！

文／甜蜜皇后與三隻小豬

與湯醫師認識是在六年前，大女兒婕寧體重停滯有腸胃脹氣的問題，還記得第一次去診間，醫師問診仔細、有問必答、態度親切和藹，當時就對湯醫師留下了非常好的印象。

之後兒子盛禾出生幾個月，覺得他氣色不好，在湯醫師的建議下抽血檢查，結果是貧血，服用了一個多月的鐵劑再檢查，兒子的貧血狀況就有明顯改善。

接著小女兒婕蒂出生，坐完月子回家沒多久就發燒了，因台大北護分院沒有住院服務，熱心的湯醫師還打電話給熟識的醫生朋友幫忙，甚至還留給我們他的連絡方式，並說隨時保持連絡！這種貼心的舉動令當時已經驚慌失措的我們非常感激與感動。

每次帶小朋友去湯醫師的診間看病，小朋友們總是在診間嬉戲與打鬧，因為他們根本不怕看醫生；同為三個子女的父母，拔拔媽媽看完病，還會順便跟湯醫師閒話家常，人家說看醫生要緣分，很慶幸我們找到一位有緣分的好醫生。

這次很開心湯醫師出新書了，內容是0到1歲寶寶的成長發育與健康照護問題集錦，知識豐富詳盡，還輔以數據供參考，非常具有實用性。

書中有些知識連我這個熟手媽媽都不知道，如第一章母乳：若一直只喝前奶的寶寶會因攝取太多乳糖產生脹氣。看到這兒終於令我恍然大悟為什麼姊姊小時候脹氣那麼嚴重，因她喝奶都只喝五分鐘，難怪常莫名的哇哇大哭，這麼實用的書籍若早幾年出版該有多好！

大力推薦給家有新生兒的父母，相信只要有此書在手，育兒之路鐵定會更加輕鬆順暢。最後預祝湯醫師的新書榮登暢銷書之列！

最新的育兒資訊，解除父母的育兒焦慮

文／湯國廷

我，是一位資深的小兒科醫師，同時也是三個孩子的父親。

醫學院的老師常說，病人是醫生最好的導師，但孩子何嘗不是呢？兒科醫師除了要了解各種兒科疾病之外，對於孩子的生長發育、營養和生活作息，也要瞭若指掌。書上來不及讀到的，我會從病人、孩子身上發現，而病童父母的焦慮，身為人父的我更能體會，所以在每次門診時，希望能將艱深的醫學名詞轉化成淺顯易懂的語言，再用適當的比喻或切身的經驗來讓病童父母寬心。

初診的病人或新手父母，通常問題特別多，因此我會花上數倍的時間來解釋，儘管門診外等待的病患越來越多，診間護理師望著牆上時鐘的次數也越來越頻繁，雖然對他們不好意思，但是我知道這些時間是值得的，因為不講清楚，回家後他們還是會手忙腳亂，又繼續到下一家醫院尋求治療。

當然有些老病人，就被我教育的很好，懂得什麼時候要送醫、回診，及回家後怎麼照顧。

十一年前開始，應出版社的邀請先後寫了《全方位小兒腸胃手冊》、《教你讀懂兒童健康手冊》、《照著養，爸媽不緊張，寶寶超健康》、《營養師&兒科醫師副食品配方》及審定了《嬰幼兒常見疾病及居家照顧全書》等書。同時，每個月也在育兒雜誌有固定的專欄來介紹小兒科常見的疾病，希望能盡一點兒科醫師的社會責任。

距離初版的《照著養，爸媽不緊張，寶寶超健康》已有數年的時間，其中的育兒方法已有些改變，所以利用此次的修訂版，將嬰幼兒需額外添加的維生素和礦物質、添加時機、泡奶方法、嬰兒血管瘤最新的治療選擇、及疫苗的施打做了些補充。

每個寶寶生來都有與眾不同的特質，而寶寶一出生也不是各個器官都已發育成熟，有些現在的問題可能幾個月後都會自然消失，但往往新手父母都不了解這點。

曾經有位嬰兒出生之後就吃了一個月的藥不見改善而來找我，吃藥的原因只是因為鼻塞和喉嚨有痰，後來經過檢查，原來只是「誤會一場」（為什麼有痰或鼻塞，看了本書之後，你應該就會清楚）；也有許多媽媽因為寶寶吃不到書上的建議奶量或不好好的睡覺而焦慮；更有的媽媽以為寶寶生病與大人相同，以至於延誤送醫。

小兒科與其他科最不一樣的地方就是，不同年齡有不同的問題和特定的疾病。新手父母的問題千奇百怪，尤其是出生到一歲之間，問題最多，所以這本書所提到的寶寶大部分是指新生兒（滿月前）和嬰兒（滿月到周歲），內容涵蓋一歲以內常見的育兒問題，並將問題分成「母奶和配方奶」、「副食品」、「睡眠」、「哭泣」、「環境」、「發育」、「健康」等七大類。

現在網路上的資訊很發達，只要輸入關鍵字，可以找到一大堆的資料，但如何分辨真假對錯，不至於一錯再錯，就顯得格外重要。可惜部分的新手父母寧願選擇相信「鄉民」的話，有時積非成是、以訛傳訛而不自知。

再者，醫學的進步日新月異，不同國情也有不同的處理方式，例如關於副食品的添加時機和選擇就有很大的不同（詳情請見第二章），因此，為求慎重，本書的資料來源多來自於具公信力的官方資料，如台灣兒科醫學會、美國小兒科醫學會、國民健康署、台灣母奶協會的最新的衛教網站。

本書的完成要感謝出版社的好友雯琪主編的支持與相助、同時也要感謝健芬、庭甄、雯慧、克敏、嘉音、伊婷、母奶協會的協助，也謝謝我可愛病人的配合。

最後，我希望再次提醒父母，醫學的進步日新月異，現在我們認為是對的觀念，在未來說不定會被新的觀念所取代，筆者僅能竭盡所能收集最新的觀念寫入書中，內容若有不適之處，還請讀者與醫界前輩及同仁不吝指正。

推薦序

自序

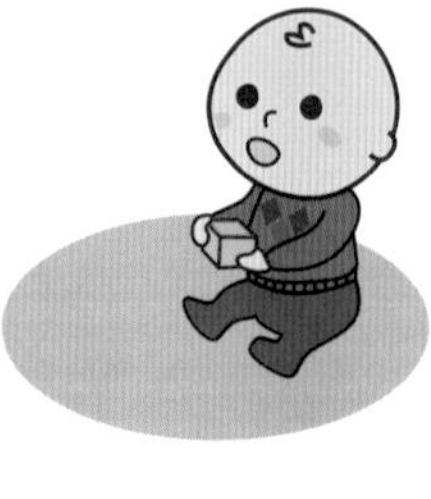

第一章

喝配方奶的寶寶……66

第二章

爸媽的第2個為什麼？——副食品怎麼吃，才會更健康？

第三章

爸媽的第3個為什麼？——怎麼睡才能一夜好眠？

第四章

爸媽的第4個為什麼？──怎麼順利安撫哭鬧中的寶寶？

第五章

爸媽的第5個為什麼？——居家環境怎麼營造才舒適？

第六章

爸媽的第6個為什麼？——寶寶的成長發育正常嗎？ 143

第七章

爸媽的第7個為什麼？——寶寶皮膚紅紅，是過敏了嗎？ 173

寶寶的斑 Q&A ……182

寶寶的紅疹 Q&A ……184

第八章

爸媽的第8個為什麼？——出現這樣的狀況，是生病嗎？

寶寶的腸胃問題

第九章

爸媽的第9個為什麼？——寶寶生病了，該怎麼照顧？

♥寶寶的發燒／鼻塞（涕）／咳嗽 Q&A ⋯⋯ 234

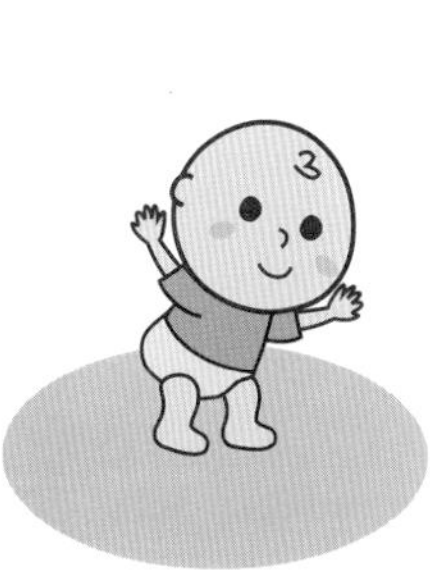

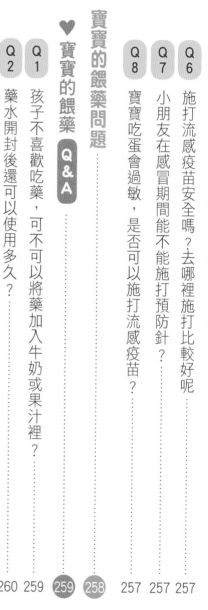

第一章

爸媽的第1個為什麼？

怎麼喝奶，營養才足夠？

寶寶出生後最重要的問題就是吃了，怎麼吃才能吃出自癒力，讓寶寶頭好壯壯？喝母乳就對了！

剛出生喝母乳的寶寶

目前市售的嬰兒配方奶都是盡量「母乳化」的產品，也就是說，嬰兒配方是以母奶中所發現的成分為基礎，希望喝配方奶的嬰兒能在生長發育和其他各方面的表現，如同哺餵母乳嬰兒一樣。所以當科技越來越進步，母奶的成分越來越清楚，嬰兒配方內的添加物就越來越多，當然價格也就越來越貴了。由此可知，「天然的尚好」，嬰兒最理想的營養來源應該是母奶。

母奶的哺育可分為親餵和瓶餵，瓶餵不是不好，但在早期哺育母乳的過程中，**親餵比瓶餵更可以增加母奶的供給量**，以達供需平衡，不至於早早就「斷貨」。若想要寶寶能夠喝久一點，得到多一點的「愛」，親餵是最好的辦法。

0至6個月小寶寶的奶量

剛出生的新生兒胃容量只有五至一五cc，每次需求量不大，但需餵八至十二次，而母親初乳量一天約有三〇至一〇〇cc，足夠哺餵新生兒喝。

喝配方奶的新生兒胃消化時間約為一百三十分鐘（五十四至一百九十六分

鐘）；而喝母奶則約為九十四分鐘（三十二至一百七十二分鐘），消化得比較快，所以也是為什麼要頻繁餵母奶的原因。

哺乳媽媽初期最煩惱的就是不知道寶寶是否喝到足夠的奶水，尤其是親餵母奶不像瓶餵，我們不曉得寶寶到底喝進去了多少。事實上，每個寶寶的需求量不見得一樣，與其背一些公式，困擾自己，還不如直接觀察寶寶是否吃飽，例如，觀察吸吮的情況及寶寶整體的狀況（如活動力、尿量、大便次數），長期來看，體重的增加是寶寶是否吃得夠最好的指標。

有些新手爸媽似乎很執著於數字，但一定要記住，每個寶寶的需求量真的不見得一樣，若以母奶或配方奶每三〇cc熱量二〇大卡來說：

＊第一天的寶寶：每天每公斤需要七五cc，之後逐漸增加。

＊第一週大時：每天每公斤需要一八〇cc。

＊第一週到第四個月：每天每公斤需要一六五cc至一八〇cc。

＊之後奶量：一天應以不超過一〇〇〇cc較好，以免超過寶寶的負擔，爸媽可視自家寶寶的狀況來調整，但也不需過於緊張而「cc計較」。

以下列出觀察寶寶有無吃到足夠奶水最好的指標，與其每天執著於寶寶喝幾cc，不如檢視下面兩點：

★寶寶有喝到奶水的表現——深而穩定的吸吮

寶寶的嘴巴會張得很大，一開始下巴動得短且快，接著下巴動作穩定慢而深，約一秒一次；當寶寶吞嚥時，下巴動作暫停；有時會暫停或是恢復成短暫的快速吸吮，接著又是較深而穩定的吸吮。

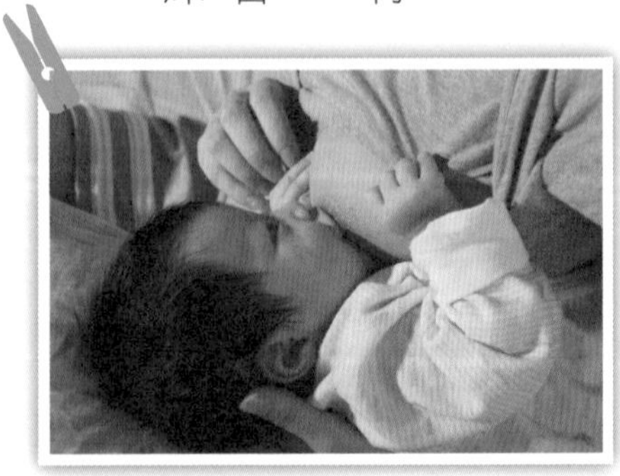

⇧當寶寶含住乳房時，確定他嘴巴張的很大，含住一大口乳房，同時下巴貼著乳房，下唇外翻。〔圖片提供：台灣母乳協會〕

★寶寶喝到足夠奶水的表現——尿量、排便足、體重正常增加

尿量多且顏色淺沒味道、排便量多且次數多、出生後前幾天體重減輕不超過百分之七至十，並於二週內回到出生體重，之後一個月體重增加大於五百公克。

喝母乳寶寶的排泄量

寶寶正常的尿量

＊出生第1至5天：每天增加一片濕尿布。

＊出生第5天後：一天五到六片濕透的尿片（尿量約四五cc／次）。

＊出生第6週後：一天四到五片濕透的尿片（尿量約一百cc／次），尿顏色清淡。

出生天數	尿布狀態	尿量
出生第1至5天	每天加濕1片濕尿布 ×1	
出生第5天後	1天5到6片濕透的尿片 ×6	尿量約45cc／次
出生第6週後	1天4到5片濕透的尿片 ×5	尿量約100cc／次 顏色清淡

*出生第1至3天：胎便，它是一種黏稠、墨綠色像柏油狀但無臭的物質。次數一到三次。若第三天大之後還發現有胎便，可能表示嬰兒吃的不夠，這時可能要請教兒科醫師。百分之九十九的嬰兒在出生後二十四小時內會解第一次胎便，而所有的嬰兒在出生後四十八小時內都會解第一次胎便。若超過四十八小時仍未見胎便，則應懷疑是否有腸管阻塞之可能，特別是先天性巨結腸症。

*出生第4至5天後：較鬆軟、棕綠色的轉形便。排便次數一天三到五次，約五十元銅板大小。

*出生第6天後：大便稀稀水水、帶一點黏液、有一點白色顆粒、有一點酸味，顏色黃、有時淺綠。

次數隨餵食頻率而有所不同，滿月前可能每次餵完之後就會解便，兩至三個月大後，次數逐漸減少，可能五至七天大一次。

出生天數	便便狀態		排便量
出生第1至3天	胎便：黏稠、墨綠色像柏油狀但無臭的物質	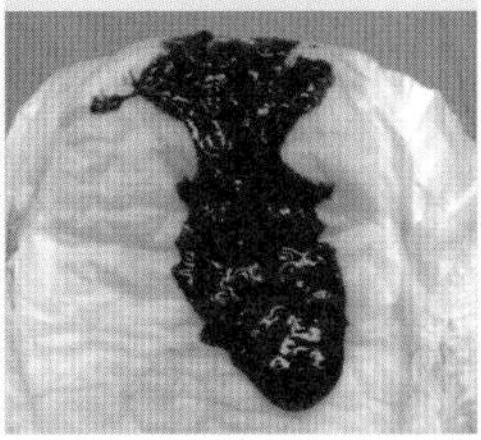	＊1天1到3次
出生第4至5天後	轉形便：較鬆軟、棕綠色		＊1天3到5次 ＊約50元銅板大小
出生第6天後	母乳便：稀稀水水、帶一點黏液、有一點白色顆粒、有一點酸味，顏色黃、有時淺綠	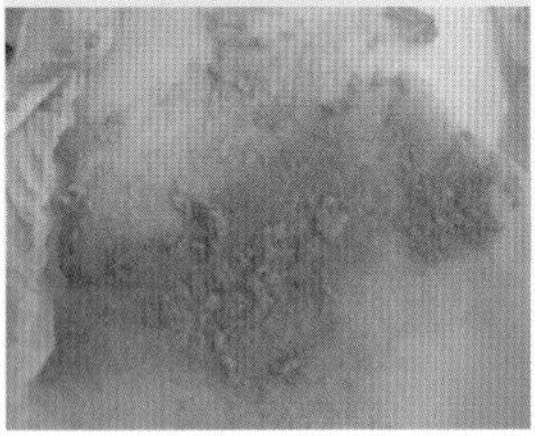	＊滿月前可能每次餵完之後就會解便 ＊2至3個月大後，可能5至7天大一次

母乳寶寶的Q&A

Q1 母乳看起來很稀，營養足夠嗎？

A 初乳顏色較黃、濃且量少，但剛好足夠頭幾天大新生兒的需要。除此之外，初乳含有重要的抗體，猶如寶寶的第一劑預防針。產後七至十天後，奶水會由「初乳」自動轉變成「成熟奶」。成熟奶的顏色相對於初乳顯得較白，看上去感覺稀稀，似乎上不如配方奶的濃稠，這是因為母乳中蛋白質與脂質的粒子較小的緣故，並不代表奶水已經沒有營養。

成熟奶依分泌時間又分成「前奶」及「後奶」。前奶看起來灰灰水水，富含蛋白質、乳糖、維生素、物質和水分，還有最重要的「抗體」；後奶則較白，含較多脂肪，也是寶寶增加體重的主要來源。只要寶寶餵食狀況良好，不用擔心不夠營養。

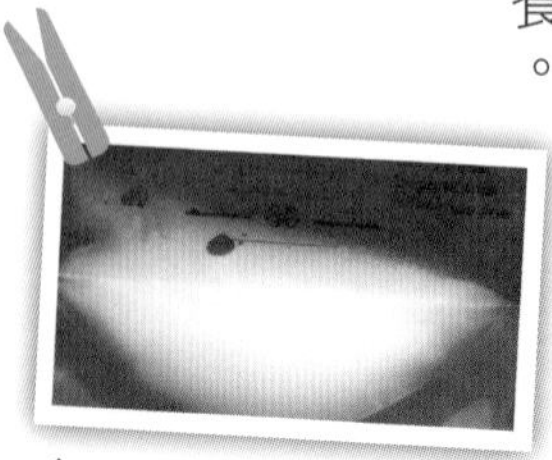

⇧前奶

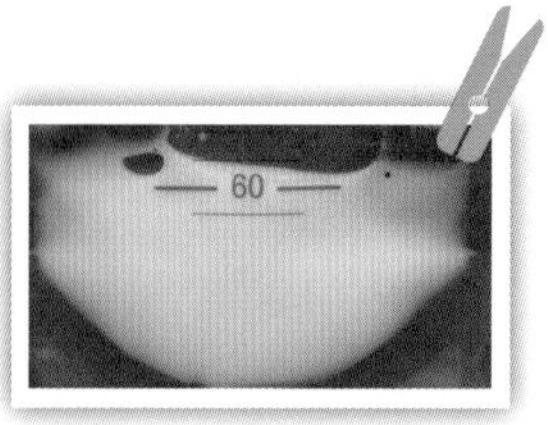

⇧後奶

	前奶	後奶
狀態	看起來灰灰水水	看起來較白
成分	蛋白質、乳糖、維生素、礦物質、水分、抗體	較多脂肪
作用	增加抵抗力，提供基本營養	增加體重

Q2 寶寶吸多久才會前、後奶都吸到？如何分辨前後奶？

A 寶寶要吸多久才會前後奶都吸到，時間並沒有一定，依寶寶的吸吮速率而定，所以建議每次先從一邊開始餵到寶寶自然鬆口，然後再嘗試餵另一邊，而下一次餵食從上次結束的那邊餵起，如此就可以確保寶寶都有吃到前奶和後奶。

若是擠出來餵的媽媽，在擠奶時可以觀察奶水的濃度和顏色變化來區分前奶和後奶。

若一直只有喝前奶的寶寶，會因為攝取過多的乳糖，造成乳糖消化不良而產生脹氣。

Q3 早產兒寶寶只喝母乳營養夠嗎？

A 母奶的營養成分會隨著寶寶的成長而自動調整，例如，懷孕三十四週媽媽的母奶就適合三十四週的早產兒喝。但對於低體重（小於一千五百公克）、小於懷孕三十四週，或出生體重大於一千五百公克但體重增加不良的早產兒，在餵食母奶二至三週後，且吃的母奶量已足夠後，可以在母奶中添加母奶添加劑，以應付快速成長中的早產兒所需的熱量和營養。若沒有母奶，則可考慮添加早產兒奶水。

Q4 母乳引起的黃疸不會影響寶寶的健康嗎？

A 如果黃疸純粹是母乳引起的，不會影響寶寶的健康，但必須先由醫師來判斷造成寶寶黃疸的原因。

重點是新生兒、嬰兒黃疸的原因很多，找出原因是否比停餵母奶重要。

如果是母奶引起的早發性黃疸（出生後一週內），主要是因為給予寶寶的熱量不夠而導致黃疸，所以反而要多餵，讓寶寶喝飽，黃疸才不會繼續上升；如果是母奶引起的延遲性黃疸（於出生後十至十四天出現，可持續二至三個月之久），停餵母奶四十八小時後，黃疸確實會下降一些。

至於黃疸兒可否繼續餵以母乳，台灣小兒科醫學會的建議是，在黃疸指數15至17之下時，仍可放心的哺餵母乳。如果超過此數值時，可以和醫師討論比較適合寶寶的處理方式，如果考慮暫時停餵母乳時，一定要按照嬰兒平常吃奶的頻率繼續將母乳擠出來儲存，否則，當嬰兒黃疸退了時，母乳也沒了。

Q5 喝母乳的寶寶好像都很胖，會不會過胖？

A 許多證據顯示，親餵母乳是新生兒預防日後肥胖的最佳選擇，因為透過親餵的方式，寶寶能主動決定何時吸奶何時停，而不是讓爸媽強迫他將奶瓶中的奶喝完。

據一篇追蹤全美約一千九百名在二〇〇〇年中期出生寶寶的研究，無論是瓶餵純母奶或配方奶的寶寶，都比親餵母乳的寶寶每月多增加八十五公克。

Q6 手擠母奶時都只能擠出少量，寶寶有吃飽嗎？

A 媽媽手擠奶所得到的母乳量並不等於寶寶直接吸食的量，母奶分泌是供需原理，看見寶寶、聽到寶寶的哭聲，以及寶寶直接吸奶都會刺激母奶不停的分泌，就像水龍頭打開一樣，源源不絕，因此不用懷疑自己的產量，大多數的媽媽都有能力餵飽自己的孩子，觀察寶寶的成長狀況是否適當即可。

Q7 奶量不夠時，是否需補充葡萄糖水或配方奶？

A 葡萄糖水只能提供醣分和水分，寶寶需要的是均衡的營養（如醣、蛋白質、脂肪、礦物質、維生素和水），懷疑奶量不夠時應該先找出原因，而非直接給予葡萄糖水或配方奶取代母奶。

有些媽媽覺得奶量不夠是因為在親餵後，寶寶可以再喝一瓶配方奶。事實上，因為胃部飽足的訊息還來不及傳到腦部，故寶寶會再從流速快的奶瓶喝進更多的液體量（可能三十cc到六十cc），但這並不一定表示寶寶還很餓。而且這並不是好的測試，在早期還可能讓新生兒產生奶嘴和乳頭混淆，影響親餵。

正確的做法應該是：**先觀察寶寶的尿量、排便和體重變化，確定寶寶是否得到足夠的奶量。**如果不足，再想想是否喝奶或餵奶的姿勢錯誤。母親奶水量完全是依孩子的需求而定，孩子需求越多，吸吮次數越頻繁，就越早能建立供需平衡。很少媽媽是奶量不足的，大多數健康、足月的寶寶，出生後若母親即開始以正確的技巧、按需求餵哺母乳，都不需要添加奶粉。

很多母親都擔心寶寶可能吃不夠母乳，因而添加奶粉。實際上，母親的身體會應寶寶的需求量而產生充足的乳汁，添加奶粉反而會減少母乳的供應。若真的要選擇替代品，也要選擇配方奶而非葡萄糖水。

⇧正確的餵奶姿勢應是托著寶寶的頭、肩膀和臀部，讓寶寶的肚子貼著媽媽，鼻子、上唇正對著媽媽的乳頭，抱寶寶來貼近乳房，而不是乳房靠近寶寶。〔圖片提供：台灣母奶協會〕

Q8 寶寶吃完奶才半小時就又要喝奶，是沒喝飽嗎？

A 不可單純根據寶寶每次吃奶時間的長短或頻率，來判斷是否奶量不夠或寶寶沒有吃飽。最好判斷奶量的方法是：每天沉重的六至八片尿布、大便四至十次、吃奶八至十次。

如果未達上述標準，有可能是寶寶含奶的姿勢不對，或者是媽媽抱寶寶的姿勢不正確也可能是到了成長快速期。在成長快速期（七至十天大、二至三週大、四至六週大、三個月大、四個月大、六月大和九個月大），寶寶的食量會增加，會藉由頻繁吸吮的方式要求乳房製造更多的奶水，待二至三天後（有時要一週）奶水量建立更多了，寶寶吸奶頻率又會恢復原來的習慣。

寶寶吸吮有時是因為肚子餓，有時是需要安撫，有時是為了要和其他人有互動，所以不見得要吸吮就是肚子餓，而肚子餓也無法單純由嬰兒哭聲來判斷，如果尿量、大便次數、餵奶頻率都達標準，可以先安撫寶寶，至於是否需要使用安撫奶嘴，目前並無標準答案。（安撫奶嘴的使用問題，請參見P77）

曾有人對稍大的嬰兒進行觀察，並且在他們吃奶前後的體重進行比較，結果發現，同一位嬰兒有時吃八十五cc奶水左右，就看上去很滿足的樣子，而有的時候需要吃二八〇cc才表現滿足，因此，同一位寶寶都有如此的差異，更何況是不同的寶寶。

喝配方奶的寶寶因為配方奶消化較慢，所以通常三至四小時才會餓，若提早哭，可以在下次餵奶時增加五至十cc的奶。

Q9 寶寶一次要吸多久的奶，才算有吃飽？

A 吸吮的頻率也會隨著寶寶的吸吮效率及個性不同而有所不一，每個寶寶都有自己特定的吃奶速度，有快有慢，這是沒有一定答案的，所以到底要喝多少奶？吸多久？還是留給寶寶自己決定吧！

在初期奶水供需尚未達到平衡時，嬰兒會很頻繁的喝奶（大約兩小時就要餵一次），不停的刺激（吸吮）才會產生源源不絕的奶水，才能滿足他越來越大的需求量。

媽媽可以由寶寶的吞嚥動作來觀察，寶寶認真吸的時候是慢而深沈的且不會發出嘖嘖聲。漸漸的，當寶寶和妳達到協調後，自然會有妳們自己的一套模式，當然妳必然也會曉得寶寶吃飽了。

如果真的要提供數據，根據美國小兒科醫學會的建議：

＊滿月前：約每隔1.5至3小時餵一次（一天8至12次），白天若超過3小時以上，就要搖醒餵奶，晚上如果超過4小時以上，也要搖醒餵奶。

＊滿月後：如果寶寶體重增加良好，可依寶寶的需要餵奶，不一定要吵醒寶寶餵奶。每次餵奶時，讓寶寶一次持續吃一邊的乳房直到自己鬆口（可達15至20分鐘），再嘗試餵另一邊，下一次餵食從前一次結束那一邊開始餵起。

Q10 如何知道寶寶是否需要再增加奶量？

A 觀察寶寶在下次餵奶前是否提早有飢餓時的表現如：

❶覓乳反射（寶寶的頭轉向媽媽的乳房，同時張大嘴巴，舌頭向前下方伸出）。

❷寶寶做出吸吮的動作或將小手放進口裡。

❸哭鬧（較遲的表現）。最好不要等到寶寶哭鬧才餵奶。

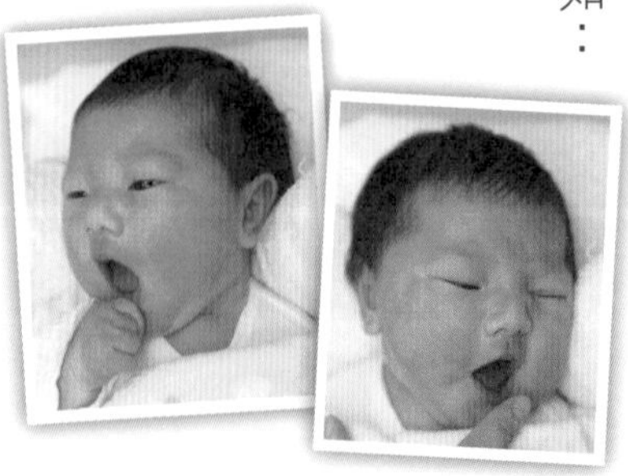

⇧（摘自Hello Kitty安心育兒書／新手父母出版）

只要寶寶餓、需要的時候哺育，奶量自然會根據寶寶的需求增加，如果是瓶餵，一次先增加五至十cc。

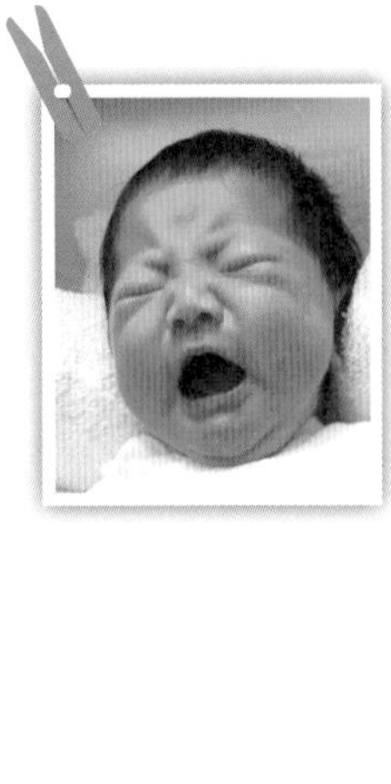

Q11 寶寶邊吸奶邊睡覺時，要叫醒他嗎？

A 當寶寶含著媽媽的乳房，聽著媽媽的心跳，聞到媽媽的味道時，他會覺得十分安全而受保護，很自然的就想睡覺。有時，有些寶寶會把媽媽的乳頭當作安撫奶嘴。

如果在吃奶時間他只是含著乳頭並沒有認真的喝奶時，可以將寶寶的包巾打開，讓他手腳露出來涼快一些，或是搔搔他的背，摸摸他的腳，和他講講話，盡量維持他的清醒，讓他可以更有效地吸吮。此外，房間的光線也可以調亮一些，不要太安靜。如果這樣的餵食超過四十至五十分鐘以上，也不用再餵了，就讓他睡覺，但是要增加餵奶的頻率（也就是有需要就給）。

Q12 寶寶睡了一段時間，是否需要刻意叫醒他喝奶？

A

＊滿月前：在奶水尚未達到供需平衡前，白天若超過3小時以上，就要搖醒寶寶餵奶，晚上如果超過4小時以上，也要搖醒寶寶餵奶。

＊滿月後，如果寶寶體重增加良好，可依寶寶的需要餵奶，不一定要吵醒寶寶餵奶。

Q13 餵奶時發現寶寶吞嚥很快，會嗆到怎麼辦？

A 有時奶太脹了，乳汁流得太快而使寶寶容易嗆到，則可以先擠出一些母奶出來，等乳汁流速較慢些時再餵。

對於噴乳反射過於強烈的媽媽，除了上述的處理外，可以讓寶寶趴在身上喝奶，同時每次只喝一邊乳房的奶。另一邊乳房的奶，媽媽可以擠出來儲存。

Q14 寶寶喝完奶會一直打嗝，該如何處理？

A 自發性的連續打嗝是因為橫膈膜抽筋所造成，較容易發生在喝完奶、肚子尚飽的階段，屬於正常的生理現象，但是寶寶打嗝時或多或少都會有點不舒服，此時媽媽可抱起寶寶幫他拍拍背，或餵他點溫開水，會讓他舒服點；但若沒有時間，讓寶寶右側朝下側躺也無礙，打嗝自然會停止。

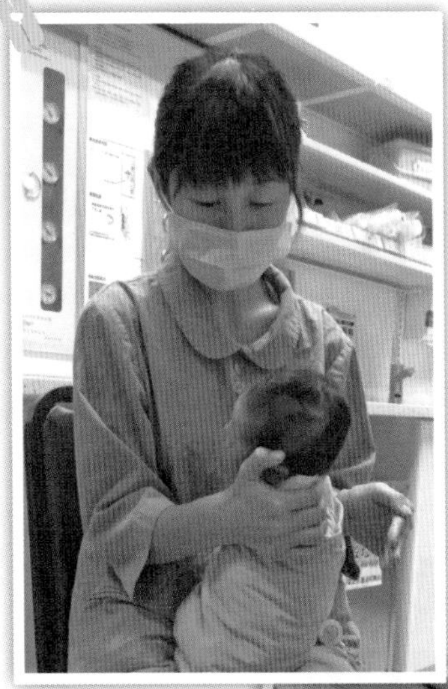

⇧餵奶後讓寶寶採坐姿或斜靠在餵食者的肩上，手呈杯狀由下往上輕拍寶寶背部，若有溢、吐奶情形可於餵食中途先予排氣或分段餵食。

Q15 認真的拍，也有打嗝，為什麼還有腹脹情形？

A 打嗝與否與腹脹並無絕對關係。嬰兒腸道內的肌肉層及彈性纖維較不發達，再加上肌肉較薄，所以常見寶寶在大餐一頓後，肚子鼓的像青蛙肚般，這種情形要到五歲以後會改善。若寶寶沒有不舒服，其實家長不必特別在意，長大就會改善；若真的擔心，可以讓寶寶少量多餐，肚子就不會鼓的那麼明顯。

嬰兒腹脹多以脹氣為主，對於容易脹氣的嬰幼兒，除了解決根本的原因之外（如哭太久、奶嘴洞太大、母奶吸吮方式錯誤或只吃到前奶），當因為脹氣而引起不舒服時，可利用薄荷油以掌心塗抹於肚臍周圍，順時針方向按摩腹部以促進排氣。

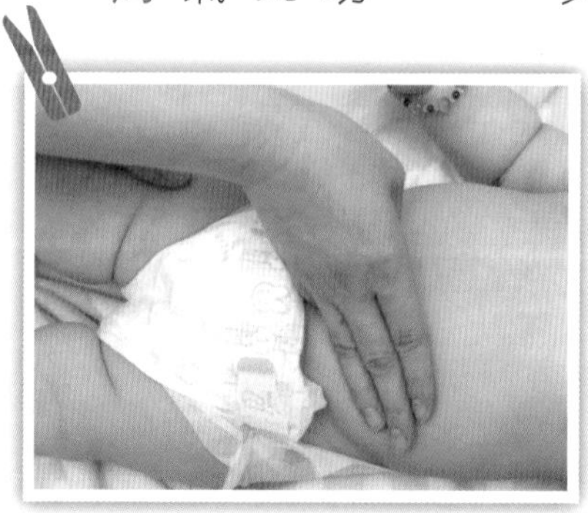

⇧腹部按摩。

Q16 採親餵奶水還是不足，無法全母奶哺餵怎麼辦？

A 先從尿量、排便及體重變化觀察寶寶是否有吃夠奶水，不能單憑脹奶的感覺，如果尿量夠、體重增加理想，代表寶寶的營養足夠，反之，就要求助。

有經驗的媽媽會知道脹奶與否與奶量多寡無關。因為在前一至兩週裡，乳房由於荷爾蒙的變化，會變得脹滿和結實，但是後來雖然奶水增加了，而乳房卻變得柔軟，不像原來那樣有充盈的感覺，而使媽媽懷疑自己的奶水量不多，但是根據觀察，寶寶卻能從中吃到一百七十cc以上的奶水。另外，寶寶在吸吮的同時，持續會有新的奶水產生，這就是為什麼常說寶寶多吸乳房，奶水自然產得多的道理了。

Q17 寶寶大便稀稀水水的，很像拉肚子，是吃壞肚子嗎？

A 喝母乳的寶寶大便通常是稀稀水水、帶一點黏液、有一點白色顆粒、有一點酸味、甚至一吃就解。這是因為母乳中含有豐富的乳糖，會被腸道中的乳糖脢分解吸收，部分沒被分解的乳糖在腸道中發酵產氣，刺激腸蠕動，產生水稀狀的大便，這是正常的大便，不是腹瀉。有的寶寶會一直維持這樣的大便情況，直到添加固體食物時才會比較成形。

有些寶寶的大便情況在一至兩個月後，反而變成三至四天才解一次，通常仍是軟便。最久甚至可以三週才解一次軟大便，這並非便秘。

若大便變得更稀更水，或次數突然變多，黏液增加，就有可能是拉肚子了。

Q18 母乳可以喝到多大？需不需要額外補充營養品？

A 目前最常聽到的是世界衛生組織的建議：嬰兒最初六個月應純以母乳餵哺，隨後在添加固體食品的同時，母乳餵哺可持續至嬰兒兩歲或以上。

但根據二〇一六年台灣兒科醫學會建議：母乳是正常新生兒最佳營養來源，足月產之正常新生兒於出生後應盡速哺育母乳，並持續純哺育母乳至四至六個月大（純哺育母乳意謂除了藥品等必要物之外，不吃任何其他食物）。於四至六個月大開始添加副食品，建議持續哺育母乳至一歲，但不建議純母乳哺育超過六個月。超過六個月之後，繼續純母乳哺育者，如無適量副食品補充，會有營養不良危機。一歲後可依據母親與嬰兒的意願與需要持續哺餵母乳，沒有年齡之限制。餵哺母乳宜以親餵為原則，尤其前二個月。

臨床上有純餵母乳而引起維生素D缺乏與佝僂病的報告，為了維持嬰兒血清中維生素D的濃度，純母乳哺育或部分母乳哺育的寶寶，從新生兒開始每天給予400 IU口服維生素D（可在兒科醫師的指示下至醫院或藥局購買），至於補充到甚麼時候，學會雖然沒有明確建議，但筆者建議至少補充到一歲，在六個月到一歲之間可以多攝取一些富含維生素D的副食品輔以日曬。含維生素D較多的食物主要是濕黑木耳、日曬乾香菇、深海魚，如鮭魚、沙丁魚、鯖魚；

至於豬肝、乳酪、蛋黃則含有少量的維生素D。

含有鐵和鋅的副食品可在四到六個月時開始添加，四個月後尚未使用副食品之前，應開始每天補充口服鐵劑1毫克／公斤／天（可在兒科醫師的指示下至醫院或藥局購買）。

至於混合哺育的寶寶，若是以母奶哺育為主，依據美國小兒科醫學會二〇一〇年的建議，四個月開始尚未接受含鐵副食品之前，也應該開始每天補充口服鐵劑1毫克／公斤／天。

⇧嬰兒米粉。

Q19 擠出來的母奶要怎麼儲存，要喝時可以微波加熱嗎？

A 由於寶寶日後每次吃的量可能不一定，所以建議將一次擠出的母奶量分成多包小袋裝，比較不會浪費，記得將母奶擠入無菌集奶袋或奶瓶內，瓶外或袋外以標籤註明擠奶日期、奶量，放置於冰箱儲存。保存期限可參考下頁的表。

至於寶寶要喝時，可大約估計當天所需要的量，先將冷凍母奶放置冷藏解凍退冰，將需要量分裝至奶瓶中，再以隔水加熱方式（水溫勿大於60℃）溫熱，市面上有溫奶器，可以設定溫度，很方便，若來不及，冷凍母乳也可以不

奶水儲存時間

	剛擠出來	冷藏室解凍	溫水解凍
室溫 25℃以下	6至8小時	2至4小時	1小時內
冷藏室	5至8天	24小時	4小時
獨立的冷凍室	3個月	不可再冷凍	不可再冷凍
-20℃以下冷凍室	6至12個月	不可再冷凍	不可再冷凍

退冰直接放在溫奶器中隔水加熱，但千萬不能微波，一方面會破壞裡面的抗體和營養成分，另一方面受熱不均，有燙傷寶寶的危險。

Q20 幾個月大開始可以不要夜奶一覺到天亮？

A 父母一定很希望寶寶趕快可以一覺到天亮，脫離半夜醒過來餵奶的夢魘。

但父母必須先知道一歲以前，尤其是六個月大以前，是寶寶生長最快的時期，再加上寶寶的胃容量較小，理論上必須頻繁的餵奶才能符合生長需求。

建議滿月前，在奶水尚未達到供需平衡前，晚上如果超過4小時以上，要搖醒餵奶；滿月後，如果寶寶體重增加良好，可依寶寶的需要餵奶，不一定要吵醒寶寶餵奶。

有些寶寶三至四個月大後可以一覺到天亮，有些寶寶可能要到周歲後才能戒掉夜奶。但父母要知道即使現在一覺到天亮，但在生長快速期或在長牙時，寶寶又會恢復夜奶，所以囉！要不要夜奶，得由寶寶自己決定吧！

Q21 寶寶滿月後一次的奶量可以喝到三百cc是否太多？

A 滿月的寶寶體重約介於四至五公斤，一次的奶量可以喝到三百cc（想必是瓶餵），實在是太多了，一天如果超過一千cc，會超過寶寶的胃容量和對液體的耐受性。至於不給又一直像沒喝飽，請見Q8至Q10的解釋。

喝配方奶的寶寶

配方奶為類母乳化的替代品，可以提供四至六個月大以前正常嬰兒的所有熱量及營養需求。一般標準的嬰兒配方是以牛奶蛋白為原料，添加易消化吸收的植物油來取代不易吸收的牛奶脂肪，然後經過處理，使其成分接近母奶而製成牛奶蛋白配方。

若以豆精蛋白或羊奶為原料，則稱豆精蛋白配方或羊奶蛋白配方。當寶寶無法適應標準嬰兒配方或豆精蛋白配方時，一些特殊的嬰兒配方舉例也可供選擇。嬰兒配方的成分訂有一定的標準（上限及下限），符合規定才准上市。

台灣兒科醫學會二〇一六年建議使用配方奶的兒童，如果每日進食少於一千毫升加強維生素D的配方奶或奶粉，從新生兒開始，每天給予400 IU口服維生素D（在兒科醫師的指示下至醫院或藥局購買）。至於補充到甚麼時候，學會雖然沒有明確建議，但筆者建議至少補充到一歲，維生素D的其他來源，例如加強維生素D的食物，可計入400 IU的每日最低攝取量之中。

0至6個月配方奶寶寶的奶量

與喝母奶的嬰兒相同，喝配方奶的嬰兒在滿月前約每三小時餵一次或依寶寶需求而定。餵奶的量因每個嬰兒不同的食慾和胃容量的大小而異。

＊新生兒第一天：胃容量約為五cc的小玻璃彈珠，沒有彈性。

＊第三天：約為二十五cc的彈力球大小。

＊第十天：約為五十cc乒乓球或嬰兒的拳頭大小。

＊滿月時：約八十至一百五十cc。

第一週後的寶寶可以按照這個公式來推算：

每公斤體重每天應得到約一百五十cc的奶水除以一天餵養次數＝每次所需餵的量。

例如：一個體重4公斤的嬰兒，每三小時他應得到大約七十五cc。

一般而言，嬰兒一天的奶量到四個月大時為最高峰，甚至可達一千cc，之後因為副食品的添加，奶量會減少至五百四十至六百六十cc。不過請父母注意，上述的奶量只是參考值，每個寶寶都有差異，觀察寶寶的體重是否正常，比起斤斤計較到底吃了多少更重要。

喝配方奶寶寶的排泄量

寶寶正常的尿量

＊出生第1至5天：每天增加一片濕尿布。

＊出生第5天後：一天五到六片濕透的尿片（尿量約四十五cc／次）。

＊出生第6週後：一天四到五片濕透的尿片（尿量約一百cc／次），尿顏色清淡。

＊當尿液內尿酸濃度較高時，尿酸結晶可以讓尿布變成粉紅色，這大多屬於正常現象，只有極少數是代謝異常，多增加液體的攝取可改善此現象。

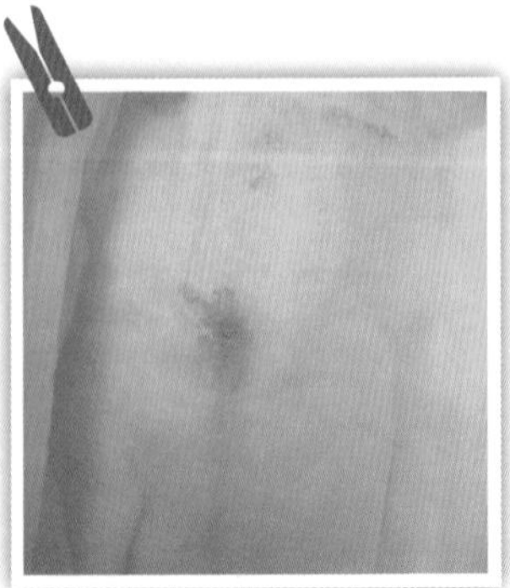

⇧尿酸結晶的尿布

寶寶正常的排便量

＊出生第1至3天：胎便。

＊出生第4至5天後：較鬆軟、棕綠色的轉形便。一天三到五次，約五十元銅板大小。

＊之後大便次數會隨著餵奶次數而定。配方奶內蛋白質量越接近母奶，大便會越軟。顏色基本上，寶寶的大便顏色除了紅、黑、灰、白外，其他的顏色都可以接受。

出生天數	便便狀態	排便量
出生第1至3天	胎便：黏稠、墨綠色像柏油狀但無臭的物質	＊1天1到3次
出生第4至5天後	轉形便：較鬆軟、棕綠色	＊1天3到5次 ＊約50元銅板大小

配方奶寶寶的Q&A

Q1 如果母乳不夠要給寶寶喝配方奶應給哪種配方？

A 嬰兒配方奶沒有好不好，只有適不適合，只要是符合規定的嬰兒配方，都可以讓寶寶喝，如果不知如何選擇，可以請教專業的小兒科醫師。

Q2 什麼情形下寶寶需喝水解蛋白嬰兒配方？

A 簡而言之，水解蛋白配方是針對「牛奶蛋白過敏」的寶寶所設計的嬰兒配方。牛奶蛋白過敏的寶寶在接觸牛奶蛋白後，陸續會出現濕疹、腹瀉、血絲便、焦躁不安、異常哭鬧或生長遲緩等症狀。

如果懷疑嬰兒有過敏體質，或是有過敏體質的家族史，為避免誘發其過敏體質，在無法餵食母乳之情況下可以改用水解蛋白配方。

Q3 水解蛋白嬰兒配方營養比較差，只能短時間喝嗎？

A 標準嬰兒配方是以牛奶蛋白為原料，而水解蛋白嬰兒配方是將這些蛋白質經過酵素水解和加熱的作用把容易導致寶寶過敏反應的蛋白分子變小，牛奶蛋白中原有的過敏結構也因此而被破壞，所以大大的降低了過敏的機會。

水解的過程就像把一張千元大鈔換成十張百元小鈔，並不會破壞營養成分，營養成分可以完整保留，符合寶寶成長所需要的營養，可以長期使用，家長不需擔心寶寶的營養會因水解而有所不足。

依水解程度的不同，可以分為完全水解蛋白嬰兒配方和部分水解蛋白嬰兒配方。但水解程度越高，口感越差且價格也越貴。

完全水解的奶粉主要適用於嚴重腹瀉幼兒、短腸症，或用於因牛奶蛋白而引起嚴重過敏疾病的幼兒，這種奶粉也能預防過敏。但因完全水解的口味接受度較差，價格較貴，且不會誘發口服耐受性，因此這類奶粉主要提供給嚴重腹瀉幼兒或嚴重過敏兒使用，一般過敏兒使用部分水解奶粉即可。少數過敏兒對部分水解蛋白奶粉仍有過敏症狀，此時可改用完全水解配方奶粉。

Q4 喝一般配方奶會脹氣、吐奶，是否應改喝水解配方？

A 嬰兒脹氣、吐奶的原因很多（請參見P60、P80），並非單純與配方奶有關，所以不是換奶粉就可改善，如果考慮寶寶對嬰兒配方裡的牛奶蛋白過敏，換水解蛋白配方才有幫助。

Q5 該怎麼正確泡配方奶，水溫要幾度才正確？

A 嬰兒配方內的各項成分濃度都須在符合規定的上限及下限間，才能上市，不至於影響寶寶的健康，所以必須按照罐裝說明給予正確濃度的奶粉，不可以任意泡濃或調淡。

泡奶最安全的水是使用經過氯化的自來水。至於礦泉水則因各礦物質的成分高低不明，不鼓勵使用。而蒸餾水、逆滲透水或純水，這些水幾乎不含礦物質及微量元素（像氟），不建議嬰幼兒長期使用作為泡奶之用。山泉水和井水也不建議使用。

泡奶時，準備煮沸的水，市售瓶裝水也需要煮沸。禁止以微波爐煮水，因為會內外溫度不均，也不建議使用插電飲水機來煮開水，因不能持續沸騰。水要經過持續沸騰一到三分鐘後放置熱水瓶或飲水機保溫。以攝氏七十度以上之水沖泡配方奶，可使用溫度計測量。

沖泡後需冷卻至與體溫差不多的溫度攝氏三十八度，再給嬰兒餵食使用，慎防燙傷。可以將奶瓶用水龍頭沖水，或在冷水、冰水內浸泡以快速降低奶水溫度。

泡好的奶應該在沖泡後二小時內使用完畢，置於室溫下超過二小時的奶水應該丟棄，以避免受污染。如果置於攝氏五度以下冰箱冷藏室，可使用時間為二十四小時。

Q6 寶寶一直喝不到配方奶的建議量怎麼辦？

A 每個寶寶都是獨立的個體，奶粉罐上的建議奶量只是參考，並非絕對。重要的是寶寶能否得到足夠的營養，生長發育正常。

所以如果寶寶體重正常，各方面的發育也符合這時候的年齡發展指標，即使喝少一點也沒關係。但如果寶寶喝得少又有生長遲滯的現象，就要趕緊就醫查出原因。

Q7 六個月要換奶嗎？換奶時的注意事項？

A 寶寶有些症狀並不是換奶就可以解決的，是否要換奶或者是換哪一種牌子，可以請教專業小兒科醫師的意見。

換奶以漸進的方式在三到四天逐步更換為宜，也就是第一天先以3／4原奶1／4新奶的比例餵哺，並觀察寶寶有無任何不適的症狀，例如腹瀉、腹脹、嘔吐等，如果沒有問題第二天再以1／2原奶1／2新奶將比例增加，第三天加到1／4原奶3／4新奶，順利的話可在第四天完全換奶。特別提醒由母奶換成配方奶的時候，如果寶寶出現血便、黏液便、皮膚紅疹等症狀，可能是牛奶蛋白過敏，應該帶給小兒腸胃科醫師進一步檢查確定。

寶寶到了六個月大時是否一定要換較大嬰兒配方呢？其實如果寶寶吃原來的嬰兒配方已經很適應了，而且副食品添加得宜就不一定要換奶。較大嬰兒配方和嬰兒配方相比，蛋白質和礦物質的含量較高，但有些寶寶因而便秘；有些添加了蔗糖，口感較好，但也可能造成腹瀉。

Q8 聽說喝母乳的寶寶不用喝水，但喝配方奶的寶寶要喝水？

A 母奶當中水分的比例約為百分之八十七，嬰兒配方當中的水分為百分之八十五，喝母奶或喝配方奶的寶寶皆不需要另外補充水分，但並非絕對不可喝水，只要不影響到平時的奶量就可以。

Q9 喝配方奶便秘怎麼辦？

A 寶寶便秘時，先檢查是否有肛裂，如果有，可用溫水坐浴十分鐘幫忙傷口復原；千萬不要將奶粉泡濃以免腎臟受損。

如果已經滿四個月，可嘗試稀釋的果汁或蘋果以外的蔬果泥，配合以薄荷油以順時鐘方向輕輕按摩肚臍周圍來促進腸蠕動。

感覺寶寶大便很吃力時，可以以凡士林潤滑的肛溫劑刺激肛門（約進入2公分），如果嚴重到解血便或有嚴重腹脹嘔吐，應該就醫檢查有無先天性巨結腸症或腸道神經發育不全等潛在疾病。

⇧蔬果泥可以預防便秘。

如果想要換配方奶，可以選用蛋白質含量較接近母奶的配方奶。（母奶中蛋白質的含量為1％，配方奶蛋白質的含量約為1.2％至3％。）

Q10 孩子喝奶時，感覺很費力還有痰音，是否感冒了？

A 這些大多是因為嬰兒的鼻腔、喉嚨和氣管軟骨尚未發育成熟所造成的，不是感冒，而是屬於正常的生理變化，六個月大之後就會逐漸消失。

平常呼吸所帶進來的空氣雜質再加上氣管內正常的分泌物，成為我們一般所謂的痰。因為嬰兒尚不會有吐痰的動作，所以這些痰及一些唾液便暫時留在會厭處（食道與氣管交接處），讓人覺得常常喉部有痰的感覺。再者，新生兒的會厭區位置較大人的高，正位於舌根處，喝牛奶後，奶殘渣容易留在該處，導致這種呼吸有痰聲音的情況會在吸食牛奶之後特別顯著。

如果孩子活動力很好、食慾也不錯，沒有明顯咳嗽或流鼻水，只是喝奶時呼吸會有聲音，感覺喉嚨有痰，這不算感冒，可以不理會。反之，則要帶去看醫師。

Q11 是否應該給寶寶吃奶嘴以安撫？

A 該不該給寶寶吃奶嘴，目前並無定論，決定權還是在父母。至於吃奶嘴的好處：曾經有研究指出，吃奶嘴的寶寶發生嬰兒猝死症的機率較低，但目前無法證實可以用來預防嬰兒猝死症；再者，對於焦躁的寶寶可以給奶嘴安撫其情緒，可以暫時分散寶寶的注意力，讓父母可以多一點時間準備泡奶，同時幫助寶寶入睡。對於愛吸吮的寶寶，之後要戒奶嘴比戒手指頭容易。

至於吃奶嘴的壞處：在早期母奶尚未供需平衡前，太早使用奶嘴，容易造成乳頭的混淆，影響親餵，所以根據美國兒科醫學會的建議，最好延至滿月以後再使用；吃奶嘴會增加中耳炎的機會，而長時間吃奶嘴尤其是整夜，容易造成牙齒咬合及排列的問題，以及鵝口瘡。

使用奶嘴並須注意清潔、安全，以及非必要時盡量不使用，另外，準備一個一

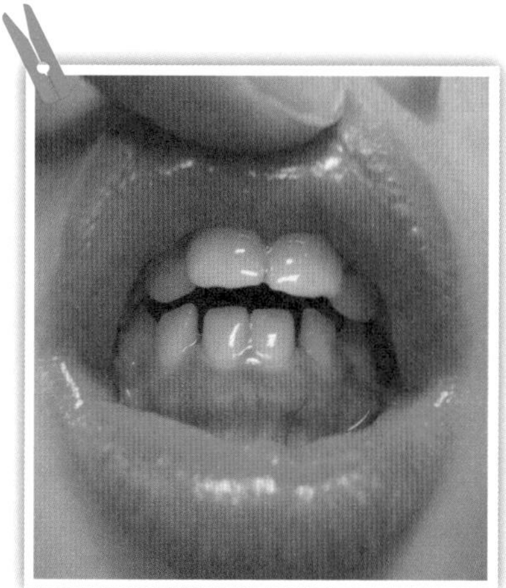

⇧因長期咬奶嘴而造成上下門牙無法重疊而呈現分開的狀態。

模一樣的備用奶嘴，以便不時之需。睡著後萬一奶嘴掉了，也不要急著再塞回去，如果擔心中耳炎的問題，六個月大後可嘗試戒掉奶嘴。

Q12 藥房常鼓吹奶粉的鈣質不足需要額外補充鈣粉，需要嗎？

A 這是不正確的，母奶或配方奶中所含有大量的鈣質，嬰兒所攝取的鈣質總量已足夠了，並不需要再添加所謂的鈣粉，四至六個月以上的嬰兒除了母奶或配方奶外，應開始添加副食品，攝取足夠的鈣質。

藥房常推銷服用鈣粉，讓骨骼發育變好，生長快速，長得又高又壯，這是一種不正確的觀念。鈣質的吸收應有良好的飲食內容成分，再加上維生素D的幫忙才能有效吸收，單一增加鈣質的攝取，吸收效果有限。

而且若鈣質吸收過多，甚至超過身體的利用率，則多餘的鈣會從腎臟排泄，易產生了「高鈣尿症」，而增加了腎結石的機會。因此鈣的攝取是應以足夠即可，多餘的鈣反而是有礙健康的。

Q13 寶寶需要吃益生菌強化腸胃道功能嗎？

A 目前益生菌已知的好處包括，可以改善乳糖的消化，對於乳糖不耐症的病人有幫助；可以預防因吃抗生素而導致腹瀉的情形；可以治療與預防嬰幼兒腹瀉，尤其是病毒性腹瀉，如輪狀病毒，可以縮短病程與減輕嚴重度。

基本上，益生菌對於健康的嬰幼兒是無害的，但不同的菌種以及菌種的多寡可能會造成不同的效果，有待進一步的研究。其實正常且天然的飲食對寶寶最好，與其吃益生菌，倒不如適量補充天然的膳食纖維如五穀根莖類和蔬菜水果，因為膳食纖維可以使人體益菌大量增加，進而抑制壞菌的繁殖。

市場上的嬰幼兒營養補充品需要謹慎的使用，可以先請教兒科專業醫師，而在補充前，一定要了解寶寶的健康和生長狀態，並充分了解產品內容，才能為寶寶的健康做最好的把關。

⇧膳食纖維是最佳的營養品。

Q14 寶寶喝完奶後，已經打嗝了，為什麼還會吐奶塊？

A 打嗝與否與吐奶塊有時並無直接關係。嬰兒時期吐奶或溢奶大多與胃食道逆流有關，屬於正常的生理變化。

食道與胃交接的地方叫做「賁門」，由括約肌所控制，當食物在胃中消化的時候會關緊以防食物逆流回食道。

但因為在嬰幼兒時期此括約肌控制不好，再加上胃的容量較小，有時餵食過量、打嗝、排氣、換尿布、或手舞足蹈壓迫到肚子時，就容易吐奶，有時尚會發現半消化的奶塊。但是如果寶寶活動力正常、體重增加良好，無黃色或綠色吐出物，可不必擔心。

容易吐奶的寶寶可以這樣做：

＊選用適當的奶嘴洞大小的奶嘴以防寶寶喝入過多的空氣。

＊不要讓寶寶哭了很久才餵奶。

＊不要餵食過量。

＊喝完奶後，可以先維持直立或半直立的姿勢二十至三十分鐘，之後再輕輕放下右側躺。

＊少量多餐，牛奶中添加穀類製品（四至六個月大後才可加）或使用低溢奶配方奶粉（可至藥局購買）也有幫助。

Q15 寶寶奶量忽然減少，喝完半小時又哭鬧要喝，是否生病？

A 生病與否，不能就單次的奶量來決定，若食慾持續明顯減少、或伴隨著其他症狀，如發燒、嘔吐、腹瀉、咳嗽或活動力變差，則要帶去就醫。此外，也可注意奶嘴孔洞的大小，是否隨著寶寶的成長更換大孔洞，以免洞口太小影響奶量。

筆記欄

第二章

爸媽的第2個為什麼？

副食品怎麼吃，才會更健康？

待寶寶成長至四個月大，就可以開始添加副食品，訓練咀嚼力及腸胃的對食物適應力，為將來的健康打底。

4至12個月大吃副食品的大寶寶

添加副食品，除了提供熱量外，另外，可以提供微量元素如鐵、鋅、銅等，均衡營養，同時可以訓練咀嚼能力以免日後偏食。添加副食品的原則是：

＊一次只添加一種新食物，由稀漸濃。

＊添加新食物後，注意有無腹瀉、嘔吐、疹子。

＊嘗試四至五種食物後，才可混合餵。

＊餵食時盡量以湯匙餵。

＊不要過量給予，不要添加重口味。

四至六個月大，是副食品適應期，重點是讓寶寶願意吃，吃多少則不管。根據最近的研究發現，太晚給固體食物反而可能增加過敏傾向，因此就算過敏疑慮，最遲也應在六個月大前就要給予。

七至十二個月大，則是副食品訓練期，重點是讓寶寶多嘗試不同種類的副食品，除了提供一天所需熱量的1／3外，也可避免日後偏食的困擾。

四至十二個月正常寶寶的飲食建議量

（資料來源：衛生署）

年齡	食物類別	食物及餵食型態	一天食用量
4至6個月	奶類	母奶或配方奶	5次
	水果	將汁擠出，加等量的開水稀釋，如蘋果、水蜜桃、葡萄等	由1茶匙（5cc）開始逐漸增加，每天最多2茶匙
	五穀根莖類	嬰兒米粉或麥粉用開水調成糊狀，以湯匙餵食	由1湯匙（15cc）慢慢增加到4湯匙

年齡	食物類別	食物及餵食型態	一天食用量
7至9個月	奶類 	母奶或配方奶	4次
	水果 	香蕉、木瓜或香瓜用湯匙刮成泥	由1湯匙慢慢增加到2湯匙
	魚肉蛋豆類 	蛋黃泥（一天最高食用量為1個） 豆腐 豆漿 魚泥、肉泥、肝泥	**任選1至1.5份** 1份＝蛋黃泥2個 ＝豆腐1個四方塊（田字型） ＝豆漿240cc ＝魚泥、肉泥、肝泥1兩（2湯匙）
	五穀根莖類 	米糊或麥糊 饅頭 吐司麵包 稀飯、麵條或麵線	**任選2.5至4份** 1份＝稀飯、麵條、麵線1/2碗 ＝薄片土司麵包1片 ＝饅頭1/3個 ＝米粉、麥粉4湯匙

7至9個月

蔬菜

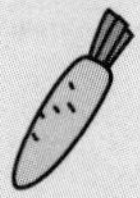

將綠色蔬菜、馬鈴薯或胡蘿蔔等煮熟搗成泥，可加幾滴醋減少維生素C流失

由1湯匙慢慢增加到2湯匙

10至12個月		
奶類	母奶或配方奶	不強迫餵奶，可減至2至3餐
水果	果汁或果泥	2至4湯匙
魚肉蛋豆類	再加上蒸全蛋	**任選1.5至2份** 1份＝全蛋1個
五穀根莖類	米糊或麥糊 饅頭 吐司麵包 稀飯、麵條或麵線 乾飯	**任選4至6份** 1份＝稀飯、麵條、麵線1／2碗 ＝薄片土司麵包1片 ＝饅頭1／3個 ＝米粉、麥粉4湯匙 ＝乾飯1／4碗
蔬菜	切碎，煮爛	2至4湯匙

1歲以上	蛋奶魚肉豆類蔬果米麵等，應均衡攝取	寶寶好吞嚥即可，做法可隨意變化	三餐與大人同吃，早上10點或下午三點及睡前可給主食、水果或牛奶等點心，避免糖或巧克力等甜食

吃副食品寶寶的排泄量

當寶寶開始吃副食品後，大便會變得較成形、較硬，同時顏色也較多變化。因為食物中富含糖分和脂肪，大便的味道會變得較重。像是豌豆和其他綠色蔬菜會讓大便變得深綠色，而紅菜、木瓜等會讓大便看起來偏紅（有時尿也呈現紅色）。如果進餐時氣氛是愉快的，他的大便偶爾會出現未消化的菜渣，尤其是豌豆、玉米或紅蘿蔔碎片，但以上的變化都是正常，父母不用擔心。

在這個時期，寶寶的腸胃功能還未完全成熟，需要多一點時間來適應新的食物，所以假如大便變得很鬆散、很稀，甚至帶有黏液，這可能代表腸子已經受到刺激了。在這種情況下，可以減緩給予副食品的量及次數，如果情況仍未改善（**大約持續一週以上**），就要尋求兒科醫師的協助找出原因。

至於大便的次數和尿尿的次數與未吃副食品之前差不多。（請參見P47）

副食品寶寶的Q&A

Q1 寶寶可以吃副食品的表徵有哪些？

A 當寶寶滿四個月大時有三個時機，可擇一而開始添加副食品。

❶當每天攝取奶量超過一千cc以上時。

❷當嬰兒體重為出生體重兩倍時。

❸當嬰兒出生四至六個月以上。

通常在這三個時機，寶寶支持頭部的頸部肌肉已發育良好，可以支持頭部，不再搖頭晃腦，靠著椅子就可以坐得好，且對大人吃的食物開始感興趣伸手要抓，嘴巴也開始有咀嚼的動作。

Q2 寶寶多大要開始吃副食品，是四個月還是六個月？

A 關於寶寶多大要開始吃副食品，在不同年代有不同的建議。

＊一九六〇年代：寶寶平均在兩個月大時開始接觸副食品。

＊一九七〇年代：建議副食品應該延後至四個月大以後。
＊一九九〇年代：建議六個月大以後開始接觸副食品。
＊二〇〇〇年：進一步建議一些高過敏食物如魚、蛋、海鮮延後至一歲以後吃，花生延後至三歲。
＊近期：近來的研究發現，延遲添加副食品，不但無法降低日後發生過敏的機率，事實上反而可能增加過敏傾向。

台灣兒科醫學會嬰兒哺育委員會根據目前已有的實證研究，並參考國情，建議嬰兒在**四至六個月大時可以添加副食品**，同時建議四個月以後仍然純餵母乳者，要補充鐵劑，直到開始使用固體食物。

由於哺育母奶寶寶體內鐵的儲存在四至六個月大以後就漸漸不夠，**寶寶第一分的副食品應該選擇富含鐵的食物**。肉類是很好的選擇，尤其是紅肉如牛肉泥等，而含鐵量頗豐的豬肝泥也是很好的選擇。事實上，肉類含有高品質的蛋白質、鐵、鋅，比起穀類、水果或者蔬菜更能提供較高的營養價值，是很好的副食品製作食材。

Q3 寶寶一歲前吃肉類會造成腸胃負擔過大，是真的嗎？

A 以營養學及發育來說，掌管消化大計的胰臟，在四至六個月大才慢慢成熟，因此含澱粉、蛋白質、動物性脂肪較多的食物如穀類、肉類，應在寶寶四至六個月大之後，再逐漸加入為宜。

而根據台灣衛生署提供的嬰兒期飲食建議，寶寶在六個月大後皆可以吃肉類；而美國小兒科醫學會則建議，父母可以在寶寶四至六個月大時提供肉類食品，目前並無一歲以前不能吃肉及魚肉的醫學證據。

Q4 四個月大寶寶的奶量開始減少，是不是厭奶期？

A 四個月大時，寶寶的脖子已較有力，可以直立、任意轉動，而且能看的較遠，這時候，「吃」對於好奇寶寶不再有吸引力，取而代之的是周遭新奇的事物，因此吃奶時很容易分心。

再加上這時候的主食是母奶或嬰兒配方，所以就有厭奶的情形發生。這種情形，有些寶寶會提早到三個月。厭奶的寶寶若是活動力佳，父母可以不用太擔心，有些寶寶雖然吃得少但吸收好，所以生長曲線正常。

對於活動量大又不肯專心喝奶或進食的好奇寶寶，可以採：

＊少量多餐的方式供給。

＊餵奶時選擇安靜的房間，不要有人在旁邊走動，將燈光調至稍暗、微黃，讓寶寶專心喝奶。

＊避免強迫餵食。

若是寶寶有嚴重厭奶的情形，長時間下來可能會影響其生長發育，造成生長遲緩，可以與兒科醫師討論是否須添加其他營養品，也可以使用藥物來治療，以促進食慾。

Q5 寶寶如果厭奶嚴重，需要提早吃副食品嗎？

A 如果厭奶嚴重影響生長發育，造成生長遲緩，必須就醫找出原因，而非提早吃副食品。寶寶胰臟的功能要到四至六個月大才會成熟，太快（四個月前）添加副食品，會增加腸胃負擔，無法消化；同時近來研究也發現，太早在四個月大前加入副食品，除了增加過敏的機會，也會增加日後肥胖的機會。

寶寶如果吃了副食品後，奶量會稍微減少，至於減少的多寡，因人而異，只要記得**一歲以前的營養來源還是應以配方奶或母奶為主**，不可以只吃副食品而不吃奶。

Q6 寶寶吃副食品時，一下就吃超過建議量，是否有關係？

A 一歲以前寶寶主食應以奶類為主，副食品的提供以多樣化、適量為原則，不要影響正常的奶量（約五百四十至六百六十cc），若偶爾超過建議量無妨。

但若只吃副食品而不喝奶，那就本末倒置，會有營養不均衡的問題。如果寶寶嚴重厭奶而其他副食品照吃，那麼**可以在寶寶餓的時候只給奶**，不給副食品，必要時可以請醫師協助。

Q7 寶寶不願意吃副食品只想喝奶怎麼辦？

A ＊當寶寶餓的時候先餵副食品。

＊剛開始先從少量、稀開始，不要要求寶寶全部吃完，吃多少算多少，等到寶寶適應食物的味道時，再逐次增加量和濃度。

＊如果剛開始吃嬰兒米粉，可以用習慣的母奶或配方奶泡；對於排斥的副食品也可以少量混雜在喜歡吃的副食品中餵食。

＊對於看到媽媽就要吃母奶不肯吃副食品的寶寶，餵食副食品時，則由他人代勞，不要讓寶寶看到媽媽。

Q8 米糊及麥糊怎麼添加？是否可用白粥取代？

A 嬰兒米粉或麥粉用開水調成糊狀，以湯匙餵食，四至六個月大時，剛開始一天一湯匙（15cc）增加到一天四湯匙。也可以將米粉加入嬰兒配方奶中（泡奶的水量不變，一開始以半瓢米粉對三瓢奶粉的比例，再逐漸增加到一瓢比三瓢），一旦寶寶可以吞嚥，還是以小湯匙餵食較好，因為以湯匙餵食副食品，才可以同時訓練寶寶的咀嚼功能，不至於日後偏食，對日後的語言發展及臉型也有正向的幫助。

此外，要提醒家長，剛開始時不宜以粥取代米、麥糊，需待添加肉類後才可以，因為剛開始添加副食品時，應先以含鐵的食物為首選，含鐵的米、麥糊較佳。

Q9 婆婆說嬰兒米粉太貴，是否可用米麩取代？

A 米麩指的是一般的米磨成粉狀，而市售嬰兒米粉是加工均質過後再添加必需的營養成分，所以兩者雖然都是米製品，米麩比較天然，但米粉有比較多樣的營養素。另外，米麩比較容易產生過敏反應，食用時父母需留心寶寶是否會過敏。

Q10 煮副食品的粥是否用糙米比較營養，會不會傷胃？

A 富含鐵質的穀類食物應該指的是全穀類而非精緻後的白米，糙米的營養價值高於白米，不會傷胃，是很好煮粥的材料，如製作十倍粥時可選用白米或糙米，糙米的營養價值較高，但比白米容易產生過敏，所以需留心寶寶是否有過敏反應。

Q11 副食品要一種一種慢慢添加？還是可以多種打成泥？

A 不管是國外的小兒科醫學會或國內的小兒科醫學會都建議，添加新的副食品時，每次應只添加一種單一成分的副食品，持續使用四天至一週以上，無異狀以後才考慮添加其他新的副食品，待嘗試過四至五種不同食物後，才可混合餵食。

副食品要一種一種慢慢試的原因在於，任何一種食物都可能會造成過敏，在不清楚寶寶是否對哪一類食物過敏前，一種一種慢慢試是最安全的作法。

再者，根據心理學研究指出，嬰兒開始嘗試一種新食物，可能需要八至十次的接觸、品嚐後才會接受，更何況多種食材打在一起，寶寶萬一對某種食材不喜歡，連帶著會影響到對其食材的接受度。

多種食材打成泥一起給雖然很省事，但僅限於寶寶都個別嘗試過每一種食材後才行。

Q12 一定要用大骨熬湯或吃魩仔魚，鈣質才夠嗎？

A 根據衛生署國人膳食營養素參考攝取量，六個月大至周歲前的嬰兒每天大概需要攝取400毫克的鈣，嬰兒一天的奶量到四個月大時為最高峰，甚至可達一千cc，之後因為副食品的添加，奶量會減少至540至660cc。

大部分嬰兒配方將鈣含量提高至每420至550毫克比母乳中每公升280至340毫克為高，以符合嬰兒成長所需，較大嬰兒配方的鈣含量約為每公升800毫克。

大骨湯內的營養成分，一千cc約只有4毫克鈣，若湯碗的體積以240cc估算，一碗大骨湯可供應的平均鈣量為9.2毫克，遠低於240cc的母奶或配方奶內的鈣，所以以大骨熬湯來補鈣，是不切實際的。

至於魩仔魚的鈣含量確實是較多的，以六至十二個月大寶寶的建議量一天約1.5分（一分約一兩或2湯匙）的魚泥來說，可以提供150至200毫克的鈣。

影響鈣吸收的因素很多，諸如磷、植酸、草酸的含量過多，會抑制鈣在腸道吸收，而維生素D、乳醣有助鈣的吸收。更重要則是體內鈣的需求愈高，鈣質吸收率自然提高。以下是常見食物鈣的含量，提供給家長參考：

鈣含量（鈣／每100公克）	食材種類	
<50毫克	豬肉、雞肉、牛肉、白帶魚、虱目魚、吳郭魚、稻米、苦瓜、茄子	
50至100毫克	燕麥、菠菜、豆腐、紅豆、花生、蝦、牡蠣	
101至200毫克	鮑魚、油菜、番薯葉、毛豆、豆干、蛋黃、鮮奶、香菇、杏仁	
201至300毫克	蛤蜊、黃豆、黑豆、豆皮、高麗菜、莧菜、乾木耳	
301至400毫克	海藻、魩仔魚、金針、白芝麻	
>400毫克	黑芝麻、紫菜、小魚乾、蝦米、蝦仁、小魚、奶粉	

（註：花生及甲殼類較易造成過敏，父母可自己斟酌，先選擇其他食物）

Q13 海鮮可以讓寶寶嘗試嗎？會不會導致過敏？

A 之前許多兒科醫師會擔心過敏的因素而建議海鮮和蛋一歲之後再吃，但最近的研究顯示，延遲添加，不但無法降低日後發生過敏的機率，事實上反而可能增加過敏傾向。

所以依照目前的看法，**海鮮與其他副食品添加的原則應該一樣**，不須特別延後，但若發生過敏的情形，即應立即避免食用該類食物，並與醫師討論其他可能替代的必需營養食品。

Q14 食物原封不動從便便排出來，寶寶的營養夠嗎？

A 大便偶爾會出現未消化的菜渣，尤其是豌豆、玉米或紅蘿蔔碎片，但以上的變化都是正常，父母不用擔心。重要的是要注意寶寶的奶量是否正常，是否有添加適當的副食品，和正常的體重變化。

Q15 寶寶吃副食品後，大便有像羊屎便的顆粒，是否正常？

A 應該是未消化的菜渣，如果是，這是正常的，無須擔心，如果不確定可以將大便帶給醫師檢查。

Q16 如何得知寶寶吃某樣食材會過敏呢？

A 食物過敏分兩大類：

＊IgE調控：病程迅速，引發疾病所需量較少，發作時間從幾分鐘到數小時，輕則蕁麻疹（台語稱「起清膜」）、血管性水腫（如耳朵及手腫）、嘔吐、濕疹，重則過敏性休克，一般抽血檢驗過敏原（三歲左右可檢驗）偵測的便是此種疾病。

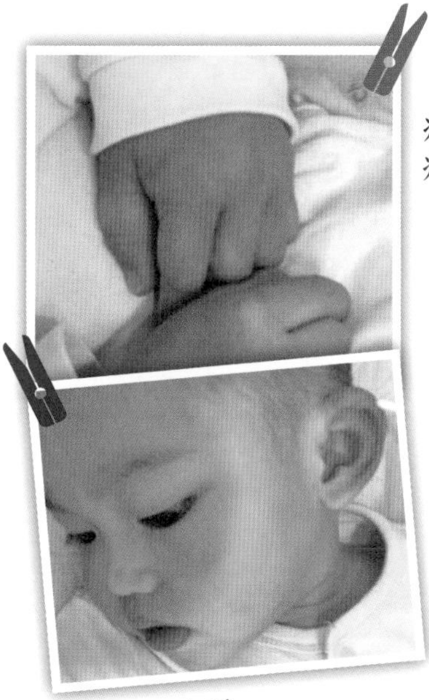

⇧血管性水腫。

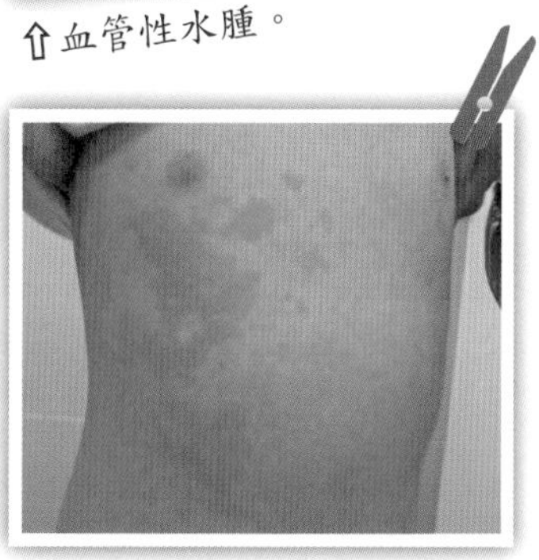

⇧形狀不規則、大小不一，外觀上看起來很像被蚊子咬到的浮腫紅疹。每個區域的紅疹可能只出現幾個小時就消失，但是其他區域又不停地有新的紅疹出現。這種疹子如果出現在眼睛周圍或是嘴唇時，常常會造成很厲害的浮腫。

＊非IgE調控：引發疾病需要長時間且較大量的過敏原接觸，病程較慢，通常需要二十四小時以上的醞釀才會有症狀。此類的過敏症狀很難診斷，會有腹瀉、濕疹、生長遲緩、胃食道逆流等非特異性的表現，但不會引起過敏性休克。除了臨床症狀較難判別外，也無法以抽血檢驗，或者用皮膚測試，只能靠食物排除與重新給予來診斷。

基於以上的了解，寶寶嘗試一種新的食材後，要觀察四至七天，期間注意皮膚是否有新的濕疹出現，以及是否出現新的腸胃症狀如拒食、哭鬧不安、嘔吐、腹瀉等，如果有，可能寶寶即對該種食材過敏。

當然，實際臨床上，醫師可就「吃就發病」、「停吃症狀會改善」、「再吃又再發病」的典型三部曲，做為確定食物過敏原的依據。

Q17 寶寶吃副食品後，需要額外補充營養品嗎？

A 如果寶寶奶量正常、生長發育也符合自己的標準，同時按照正常添加副食品的準則給予適當的副食品，不需要額外補充營養品。

營養品不是多就好，例如，添加過多的鈣粉反而會超過身體的利用率，多餘的鈣會從腎臟排泄，易產生了「高鈣尿症」，而增加了腎結石的機會。

市場上的嬰幼兒營養補充品需要謹慎的使用，可以先請教兒科專業醫師，而在補充前，一定要了解寶寶的健康和生長狀態，並充分了解產品內容，才能為寶寶的健康做最好的把關。

Q18 寶寶可以喝豆漿嗎？是否會腹脹不舒服？

A 嬰兒前數個月，以母乳為最佳營養來源，是無庸置疑的。無法哺育母奶的新生兒，唯一的替代品是嬰兒配方，也是小兒科醫師與營養學者們的共識。至於其他非嬰兒配方的食品，是不能當嬰兒主食的，但可以在較大嬰兒階段（六至十二個月大），作為營養添加品，以此原則，六個月大後寶寶當然可以吃豆漿，至於喝了是否會腹脹不舒服？有可能但不一定會發生。

筆記欄

第三章

爸媽的第3個為什麼？

怎麼睡才能一夜好眠？

寶寶返家之後，最讓爸媽傷腦筋的就是日夜顛倒及不規律的睡眠，到底怎麼做才能讓寶寶睡過夜，全家一夜好眠？營造良好的睡眠儀式很重要喔！

寶寶的睡眠以淺眠居多

每個人在睡眠當中，都經歷了兩種不同形式的睡眠階段，而這兩種形式交互進行著。這兩種形式分別稱為「熟睡期」和「淺睡期」。

對大人來說，完整的睡眠時段（包括熟睡期和淺睡期輪流交替），約需九十至一百分鐘；嬰兒的週期就短得多，大約只有五十分鐘。同時，大人的睡眠時間有百分之八十屬於熟睡狀態，百分之二十屬於淺眠。

然而，**嬰兒大約有一半的睡眠時間屬於淺睡**，尤其是新生通常都睡得很淺，只有百分之二十至三十的時間是熟睡。所以，嬰兒比較容易受到內在與外來刺激干擾而醒來，像是脹氣、腸子的蠕動或周圍的聲響等。

嬰兒並不是與生俱來就有和大人一樣的生活節奏，要到六個月大以後才有規律的睡眠週期。隨著年齡增加，每天整體睡眠時間縮短，睡眠週期延長，淺睡期相對減少，夜間睡眠時間延長和晝夜節律形成。然而，所有嬰兒的需求都不相同，有些寶寶睡得多，有些睡得比較少，睡眠時間比較零碎。

三種不同類型的新生兒

每個寶寶生來都有與眾不同的特質，曾經國外有兩位學者追蹤三十年後，將新生兒性格分成三種類型：

＊第一類為「難纏兒」：這種寶寶脾氣倔強，不易適應環境，吃睡比較沒有規則，遇到挫折，容易大哭大鬧，有時我在門診會戲稱這種寶寶為「討債兒」。

＊第二類為「易養兒」：個性溫順，容易適應環境，吃睡規則，父母都不用擔心，我稱這種寶寶為「感恩兒」。

＊第三類為「意興闌珊兒」：個性害羞，不容易適應環境，遇到挫折，易退縮畏怯，但吃睡不會像「難纏兒」般令父母煩惱。

0至12個月寶寶的睡眠差異

以睡眠量來說，依月齡不同也有差異：

＊新生兒：一天平均總共約睡二十小時，睡眠次數不定，白天睡眠和晚上睡眠時間各半。

＊二至五個月大時：一天總共睡十五至十八小時，睡眠次數不定。
＊六至十二個月大時：一天總共睡十四至十六小時，睡眠次數二至四次。

寶寶的睡眠Q&A

Q1 寶寶為什麼半夜都不睡覺，早上才要睡？

A 父母最怕碰到日夜顛倒的嬰兒，白天工作已經夠累，晚上還要陪一個不睡覺的嬰兒，與他「奮戰」。要解決這個問題之前，必須了解寶寶為什麼會日夜顛倒。

「日夜顛倒」的情形最常見於出生一個月以內的新生兒，寶寶在出生以前，在媽媽的肚子裡是沒有白天與夜晚的區別，但是出生後馬上就面臨了晝夜的問題。在子宮內，媽媽白天在工作的時候，他是睡著的，而在晚上，他則是醒著的，所以一出生時，還搞不清楚狀況的寶寶就會日夜顛倒，這種情形需要一段時間（約三至四個月）才能適應。

Q2 新生寶寶很容易被自己的手嚇到，是否該用包巾包起來？

A 出生時新生兒寶寶因為神經發育尚未成熟的關係，會有許多原始反射，「驚嚇反射」就是其中之一。典型的「驚嚇反射」為受到周遭聲響或突然改變身體位置而引發手臂外展，手指張開，之後雙臂互抱類似驚嚇的反應。

有些寶寶常因為身體移動或噪音引起「驚嚇反射」驚醒而哭，對這類寶寶，睡覺時可以用包巾將寶寶包住，也就是抑制此種反射，寶寶就不會驚醒了。

「驚嚇反射」對於新生兒而言是正常的，如果沒有常常因為此反射而驚醒，平時就不需要用包巾把寶寶全身包起來。「驚嚇反射」在一個月大時最明顯，一般於五至六個月大時消失。

Q3 寶寶半夜很容易被驚醒，怎麼辦？

A 一個睡眠週期包括熟睡和淺睡，交替的進行。只是大人在深睡與淺睡轉換之間，不容易清醒。

但寶寶轉換的速度就不如大人迅速了，淺睡時會有許多面部表情，如睜眼、微笑、皺眉、發出哼哼聲，或伸展四肢、翻身等，但這些動作大多是無意義的，是一種正常的現象，但不知情的父母往往認為這時是寶寶睡眠不安或身體不適，而採取過分照顧的動作，例如：抱起來拍搖，反而打擾了寶寶的美夢，造成真的醒過來。

因此，若無其他生理因素，可以靜靜等待五分鐘以上，看看他是否會自己又再睡著，切勿馬上打斷寶寶睡眠，讓寶寶學習如何在深淺眠中轉換，學習睡飽。

六個月以前，半夜醒來一至兩次是正常的，但若六個月大以後半夜還醒來二至三次，可能就有些睡眠障礙，需要調整作息，以將寶寶的生理時鐘引入正軌。

Q4 寶寶喜歡被抱著安撫入眠，是否會養成習慣？

A 如果寶寶長時間習慣被某種方式安撫入睡，當夜間醒來時就會想要用同樣的方式入睡，這就是「睡前儀式」。

例如，嬰兒睡前是以被抱、輕搖或餵奶的方式哄睡，當他醒來時發現在床上，就會發出聲音或以哭的方式要求照顧者再哄他入睡，也就是寶寶一定要再抱、再搖或再餵奶才能入睡。

對於這種情形，**從白天開始，照顧者可以將快要入睡的寶寶放在小床上，養成他自己入睡的習慣**。如果他哭鬧，可在床邊用語言和表情給予安慰，如果無效，要讓寶寶哭一會兒，再抱起來安慰；如果放下又哭，那麼應延長第二次讓他哭的時間，等久些再抱起；之後逐漸延長時間再抱，這樣堅持二至三天，他就會自己入睡了。

Q5 該如何矯正寶寶的生理時鐘，讓他不再日夜顛倒？

A 人之所以會有晝夜節律是因為眼睛的視網膜內有感光細胞聯繫著大腦，負責調控生理時鐘，知道什麼是白天（該清醒），什麼時候是晚上（該睡覺）。為了矯正寶寶的生理時鐘，妳可以這樣做：

白天 可以這樣做：

❶不要把寶寶包得緊緊的，盡量讓手腳露出來，這會讓他清醒的時間變多。

❷把嬰兒床移到明亮的窗戶旁邊，讓寶寶感受白天的光線，讓大腦了解白天的存在。

❸避免環境中有一些固定、單調會讓寶寶想睡的背景音樂。

❹在餵奶、換尿布時與寶寶多一些互動，常常逗孩子玩，讓他們在遊戲中得到適當的運動。

傍晚 可以這樣做：

❶盡量讓寶寶清醒和盡可能的餵食，不要再讓他們小睡。

晚上 可以這樣做：

❶用毯子包著寶寶產生安全感。

❷對於無法入睡的寶寶，可以嘗試放在安全座椅內幫忙入睡。

❸晚上時燈光不要太亮，尤其避免頭頂燈。

❹入睡前讓寶寶聽一些單調、固定的音樂和洗澡。

5 當寶寶在懷中睡著之後，要將寶寶放回床上時，先確定寶寶不會接觸到冰冷的物品，以免驚醒。

Q6 聽說讓寶寶哭幾天，就可以睡過夜，真的嗎？

A 前面幾個月大的寶寶哭，他是告訴妳「有事要發生」，千萬不要放著不管，至於哭的原因可以是生理、心理或生病。

許多書告訴大人，要讓寶寶哭不要抱，以免以後寶寶都靠這一招，其實應該適用於較大的寶寶（如六到九個月大以後）且先確定沒有其他原因才行，但一直讓寶寶哭泣不管，許多研究顯示，不會使得寶寶日後哭泣次數減少。（待寶寶六個月大左右，爸媽可以嘗試Q5及Q12的建議方法。）

Q7 寶寶多大時可以戒掉夜奶？

A 父母先要有概念，不能期待嬰兒一下子就和大人一樣有著同步的睡眠週期，許多父母認為，寶寶四個月大以後可以戒掉夜奶，一覺到天亮，而實際上，只有喝配方奶的寶寶才有可能做到。

喝配方奶的寶寶和餵母奶的寶寶其睡眠週期是相當不同的，因為配方奶相對於母奶不好消化，所以可以較長時間才餵奶，也較早戒掉夜奶。

一般而言，六個月以後，可以嘗試著固定的睡眠儀式（詳見Q12、P117），慢慢戒掉夜奶，但是每個寶寶還是有年齡上的差異，不要勉強。對於體重增加緩慢，白天吃得少的寶寶，不建議太早戒掉夜奶。

Q8 寶寶可以趴睡嗎？是否會影響頭型？

A 目前已知趴睡是嬰兒猝死症的危險因子之一，美國兒科學會自從在一九九二年提出一歲以下嬰兒須仰睡的建議後，十年之中嬰兒猝死症發生率就已降了百分之五十三。

嬰兒猝死症是指一歲以下嬰兒發生突然且無法預期的死亡，即使在事後的屍體解剖檢查、詳細回顧臨床病史和死亡過程中，也找不到其真正致死的原因。它很少發生於滿月前，高峰期出現於二至三個月大時。

許多父母會讓嬰兒採取趴睡的最大原因是擔心頭型會睡扁，其實可以利用一些小技巧，以減少扁頭的機率。例如：

＊為了減輕醒著仰躺造成後頭部的壓力，可以讓他們趴著一段時間，同時這個姿勢可以幫助上半身肌肉動作之發展。

＊每日變換睡覺的方向，或者讓寶寶趴在爸媽身上睡，都可以讓頭型好看些。

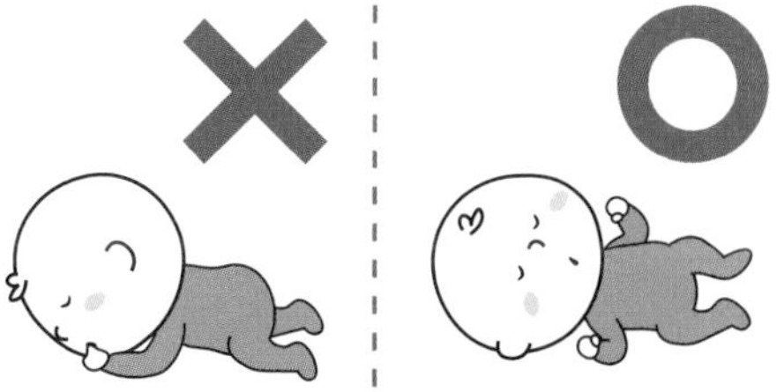

有些父母會使用嬰兒枕或側睡枕來固定寶寶的頭型，其實在嬰兒前面幾個月大，連側睡都不建議，而美國小兒醫學會也不建議用嬰兒枕，因為這些都是造成嬰兒猝死症的危險因子之一。為了避免發生悲劇，再怎麼樣也不要讓嬰兒趴睡。

Q9 寶寶睡超過吃奶時間，是否該把他叫醒喝奶？

A 滿月前，在媽媽奶水尚未達到供需平衡前，白天若超過三小時以上，就要搖醒寶寶餵奶，晚上如果超過四小時以上，也要搖醒餵奶；滿月後，如果寶寶體重增加良好，可依寶寶的需要餵奶，不一定要吵醒寶寶餵奶。

Q10 寶寶睡眠很短暫，會不會影響腦部發育？

A 嬰兒的睡眠週期本來就比大人來得短，且淺睡期較多，但這有其生存與發展的理由，淺睡可讓嬰兒在不舒服時、有需求要被滿足或有威脅情境，例如：冷了、餓了、不舒服或疼痛等中甦醒，進而向外求援。

嬰兒愈小，大腦發育愈快，需要睡眠的時間愈多。雖然嬰兒睡眠發展的變化和大腦發育有密切關係，但不同的嬰兒睡眠時間有很大的個體差異。如果寶寶不能睡這麼多時間，但在醒時精神很好，那麼就不用擔心他睡眠不足，因為正常的嬰兒，他睏了自然會睡。相反的，有的父母怕孩子睡眠過多，只要寶寶覺醒時反應靈敏，沒有異常行為表現，也不用過度憂慮。

Q11 寶寶本來可以睡過夜，但最近又頻頻起床，是不舒服嗎？

A 在成長快速期（七至十天大、二至三週大、四至六週大、三個月大、四個月大、六個月大和九個月大），寶寶的食量會增加，並藉由頻繁吸吮的方式要求乳房製造更多的奶水，待二至三天後（有時要一週）奶水量分泌更多了，寶寶醒來吸奶的頻率又會恢復原來的習慣。

另外，有些原因，也會增加他夜間醒來的機會，如長牙期牙齦腫脹造成不舒服、過敏、鼻塞、中耳炎、成長期腦部活動增加（如已學會發出聲音、翻身或爬行的孩子）、情緒問題（如沒有安全感）等。

若排除一些生理的問題，媽媽可能想一下最近有哪些狀況影響了妳的情緒，有些媽媽的經驗是當她心情很不好、和其他家人關係緊張，也會影響寶寶，使他的安全感受到影響，他會藉由多喝奶的方式安撫自己，以確定自己和媽媽的關係是緊密的。

Q12 如何營造睡前儀式，才能讓寶寶一覺到天亮？

A 成人半夜也會醒來，但是我們會繼續入睡，但是如果半夜醒來周遭的環境與入睡時不同，我們也會無法入睡，寶寶也是一樣，所以寶寶入睡的情境應該和他半夜醒過來所處的情境相同，他才容易入睡，這就是「睡前儀式」。

如果寶寶是抱著入睡的，那麼晚上醒來時，寶寶也會要求抱著入睡。為了讓寶寶半夜能夠自己入睡，不打擾父母，營造良好的睡前儀式是很重要的。

父母可以先觀察寶寶的睡眠習慣，在寶寶入睡前二十至三十分鐘，先洗澡、按摩、餵奶吃飽、潔牙、說故事、聽音樂等，養成一套固定的睡前儀式，當寶寶很想睡但還未睡著時，把他放在妳希望讓他睡覺的地方，然後溫和且堅定的與寶寶說晚安後離開。

如果寶寶仍然抗拒哭鬧不肯睡覺，有可能他還不是很想睡，父母可以將睡前儀式時間稍微延後些，如果父母選擇的時間對，其實寶寶應該很容易睡著。

其他讓寶寶夜間好眠的方法包括：

＊睡前二小時盡量讓寶寶安靜，只做一些靜態的活動。

＊昏暗的燈光、柔和的音樂、舒適的室溫（大約26至28℃），都可以加強寶寶的睡意。

＊在睡前洗溫水澡，做嬰兒按摩幫助入睡。

＊白天睡眠時間不宜過多，尤其是接近傍晚時。

＊與寶寶共睡在同一臥室，但不要睡在同一張床上，但嬰兒床最好在父母伸手可及之處。與寶寶共睡在同一臥室，有助於餵母奶的媽媽晚上方便餵奶，尤其是對於頭幾個月大需要夜奶的寶寶，至於已不需要夜奶或較大的嬰兒如九個月大後，則可分房睡較不會彼此干擾。

第四章

爸媽的第4個為什麼？

怎麼順利安撫哭鬧中的寶寶？

哭鬧中的寶寶常讓新手爸媽很挫折，寶寶為什麼哭個不停，該怎麼安撫才有效？事實上，哭是寶寶表達自己的方式，不要太緊張了！

出生後前三個月是寶寶哭的高峰期

在不會說話表達前，哭是嬰兒主要對外界溝通的工具。曾經有學者研究，嬰兒時期一天平均要哭三十分鐘到兩個小時，而在兩歲以前，大概會經歷四千次哭泣。

哭鬧量從出生之後開始增加，在二至三個月大時到達高峰期，之後逐步減緩。但正如身高、體重、睡眠量一樣，每個寶寶的哭泣量還是有個體差異性，例如：同樣年紀的寶寶，一個一天可能只哭一小時，但另一個可能可以哭泣長達五小時。

寶寶哭泣的7個特色

一般嬰兒哭泣有幾個特色，常讓爸媽手足無措，搞不清楚寶寶為什麼哭。

*因為生理變化成熟之故，在出生後前三個月是哭泣的高峰期。

*一天可以哭泣五個小時以上也不會累。

＊嬰兒的哭泣來去一陣風，妳無法預期什麼時候會發生，有時也找不出原因。

＊盡管用盡了各種方法，有時還是束手無策。

＊即使他們不是真的痛，但看起來好像他們真的就是痛得要死。

＊在傍晚和夜晚時，他們哭的次數特別多。

＊基本上，若安撫就會停的，大多都沒事，若一直哭鬧不停（持續約三十分鐘），仍無法安撫，就必須尋求外援了，如換手（或是就醫）。

一般嬰兒的哭很少超過半個鐘頭，爸媽安撫就會停了，除非是腸絞痛所引起的哭，而腸套疊的哭，一次也不會超過十分鐘，不過嬰兒在大哭的時候，父母會覺得時間過得特別慢。

安撫寶寶的8種有效方法

對於正在哭泣的寶寶，先排除是否飢餓、尿布濕、溫度不適還是生病等因素，若都不是，可嘗試下列的做法：

❶在懷中或搖椅中搖擺，或放在嬰兒車中走動。
❷輕觸（撫摸）頭部或輕拍背部或胸部。
❸將小孩用布或袋子（揹巾）包在成人身上。
❹唱歌、說話、播放輕音樂。
❺坐在車中。
❻規律性的聲音與震動。
❼拍背讓嬰兒打嗝。
❽泡溫水浴。

如果上述的方法都沒效，最好且最簡單的方法只好讓寶寶哭一會兒。很多寶寶幾乎要在睡覺前都會哭，而且只要哭一會兒、夠累，很快就會入睡，爸媽不要擔心。

寶寶的哭鬧 Q&A

Q1 寶寶經常哭鬧，搞不清楚他到底想要做什麼？

A 哭是寶寶主要對外界溝通的工具，可以引起外界的對他的注意。寶寶哭鬧常見於下列幾種原因：

❶生理因素：肚子餓、吃太飽、想睡、環境太冷、太熱、包太緊、尿布濕了。
❷心理因素：太累了、生氣、發牢騷、壓力分離焦慮、家庭氣氛緊張。
❸成長發育變化：腸絞痛、長牙。
❹生病：感冒、鼻塞。

基本上，若安撫就會停的，大多都沒事，若一直哭鬧不停，無法安撫，就必須尋求外援。

Q2 聽說「收驚」後寶寶會比較好帶，是真的嗎？

A 正如之前所述，出生後三個月內是寶寶哭泣量最高峰的時候，大部分的寶寶只要獲得滿足就可以停止哭泣，但仍有寶寶不明就裡的哭泣，雖然是正常現象，但也常讓新手父母不知所措。

此時有些父母會採取民間習俗「收驚」的方式處理，但由於缺乏科學根據，所以無法評估效果。但提醒家長，若真的要帶去「收驚」，吃「符水」之前，要確定衛生和安全。

Q3 寶寶一哭就抱，會不會變成習慣？

A 對於哭泣中的寶寶給予立即的安撫，如抱抱、拍拍、出聲等，確實可以減少寶寶的焦慮，減少日後哭泣的次數。但若需要一直抱著甚至走動才能入睡，久而久之，醒來時孩子還會想要同樣的方式才能入睡，這種已養成的「睡前儀式」確實不好。

對於這種情形，建議可以從白天開始改善，將快要入睡的寶寶放在小床上，**養成他自己入睡的習慣**（睡眠習慣的養成請參見P117）。如果他哭鬧，可在床邊用語言和表情給予安慰，如果無效，要讓寶寶哭一會兒（五至十分鐘），再抱起來安慰，並逐次延長抱起來安慰的時間。

Q4 讓哭泣的寶寶睡搖床好嗎？

A 慢慢搖晃，這種緩和且規律的速度，會讓寶寶感覺在羊水一樣，擁有舒適安定的感覺，並且愉快的入睡。但是嬰兒腦血管相當脆弱，若短時間內快速猛烈搖晃嬰兒或以拋接方式與嬰兒玩耍，就很容易造成顱內出血或造成腦部不同程度的傷害，產生嬰兒搖晃症候群。

Q5 寶寶為什麼會夜啼，是腸絞痛嗎？

A 嬰兒大多選在傍晚或夜間的時候哭，若排除一些生理因素，最常見的夜啼原因，讓父母不知所措的就是「嬰兒腸絞痛」。

嬰兒腸絞痛常發生在出生後一至兩個月大的嬰兒，發作的時間有兩個高峰，約是傍晚四至八時，以及半夜零時前後。發作時寶寶會哭得很大聲，肚子脹脹鼓鼓的，躁動到幾乎無法安撫，而這些表現可能會持續數小時之久。

還好這個症狀多半在嬰兒三、四個月大後就會逐漸緩解，但仍然有百分之三十的嬰兒會持續到四至五個月大，而百分之一會持續到七至八個月大。

發生嬰兒腸絞痛的原因不明，可能是多重因素造成，如腸道神經發育未健全、餵食不當、牛奶蛋白過敏、乳糖不耐、噴乳反射太強等引起陣陣的腸子痙攣等。

對於這類寶寶，父母的安撫是最有效的治療方法，立即對嬰兒哭泣做出反應，會使得嬰兒哭泣次數減少，最重要的是需要父母的耐心與愛心來度過這個「新生訓練」期。

Q6 寶寶睡覺時一直被自己嚇醒，怎麼辦？

A 出生時寶寶因為神經發育尚未成熟的關係，會有許多原始反射，驚嚇反射就是其中之一，典型的驚嚇反射為大聲或突然改變頭的位置引發手臂外展，手指張開，而後雙臂互抱類似驚嚇的反應，這是正常的，平時不需要用包巾把寶寶全身包起來。

驚嚇反射在一個月大時最明顯，一般於五至六個月大時消失。若寶寶常因為身體移動或噪音引起驚嚇反射驚醒而哭，睡覺時可以用包巾將寶寶包住，也就是抑制此種反射，寶寶就不會驚醒了。

相反的，要注意，若無此反射，可能為嚴重中樞神經病變；若上肢不對稱反應，可能為臂神經叢損傷或鎖骨骨折。若此反射在六個月大後還存在，也要考慮有神經損傷，皆應就醫診治。

Q7 發現寶寶的手腳會抖動，是什麼原因？

A 剛出生或年幼的寶寶，常見手腳有不自主的抖動，尤其在哭泣時或四肢伸直時，父母們常會擔心是否為癲癇或抽筋的現象。其實這是因為嬰幼兒神經系統的功能尚未發展成熟，神經對肌肉的支配控制不完全所致，屬於嬰幼兒正常的表現。

只要肢體抖動是短暫（約幾秒鐘）而全身性的，同時意識清楚、眼球活動正常、肢體抽動的屈曲與伸展快慢、幅度一樣即可視為正常。

若寶寶發生手腳抖動時，父母可以輕握寶寶的手腳，將抖動的肢體彎曲就可以使抖動停止，但若抖動仍持續，就要看醫師。

Q8 寶寶哭的時候是不是不要理他，讓他哭到安靜就好？

A 寶寶哭泣有許多原因，是生理問題還是生病了必須先搞清楚。許多研究顯示，立即對嬰兒哭泣做出反應（如安撫，不一定是立即抱起），會使得日後嬰兒哭泣次數減少；而有人認為過度安撫會寵壞嬰兒，這種說法並無根據。

Q9 是否有可以分辨寶寶哭聲所代表意義的方法？

A 只要注意聆聽寶寶的哭聲，新手父母應該很快能分辨寶寶哭聲所代表的意義。例如：

＊飢餓的哭聲：通常是短而低頻，而且有起伏。

＊生氣的哭聲：傾向是較混亂、一波接著一波的。

＊撒嬌的假哭：通常是極度氣憤或激動，揮舞四肢大哭或者有哭聲但沒眼淚，加上揉眼、扁嘴。

＊痛、沮喪、不舒服的哭聲：一般是突然、大聲、長時間、高頻、尖叫，之後停一陣子然後再嚎哭。

有時不同型態的哭聲可能混雜在一起，例如，寶寶餓了會哭要喝奶，如果父母沒有快速地做反應，哭聲就會夾雜著不高興的聲音而有所不同，所以最好處理嬰兒哭泣的方法就是適當的對寶寶哭泣做出反應，而不是放任他哭。

Q10 寶寶經常一生氣就哭到發抖，喘不過氣是正常的嗎？

A 這種哭到發抖或後仰的小孩，常見於六個月至兩歲的年紀，接近兩歲是高峰期，在五歲之後少見。這是嬰幼兒常用來表達其憤怒，有口難言、發洩不滿情緒，或引起大人注意，試圖控制環境或照顧者所產生的狀況，發作時間從數秒到數十秒鐘不等。臨床上分為發紺型和發白型兩型。

＊第一型發紺型：較為常見，當情緒受到刺激、要求得不到滿足或生氣時，在劇烈的哭泣後，突然停住了呼吸，數十秒鐘之後，全身尤其是嘴唇出現藍紫色並失去知覺，心跳變慢，身體軟弱無力，甚至僵直不動，有時還可見到全身性陣攣性抽搐的動作，一旦再次出現哭聲，所有的症狀即逐漸消失。

＊第二型發白型：為小孩受到跌倒，頭部撞擊產生驚嚇或疼痛感後，接著停止呼吸、臉色發白，失去知覺和肌肉張力，有時可見到強直性的抽搐。

這種「嬰孩屏息症」的真正機轉尚未完全被了解，但「嬰兒屏息症」的預後很好，雖然它有時會發生癲癇的症狀，但沒有數據顯示它會造成日後癲癇或引起智力不足，一般而言，在學齡前都會消失痊癒。

當發生「嬰兒屏息症」時，父母莫驚慌，因為這對寶寶是無害的，不需做拍打或急救的動作，因為這個症狀自然會停止，此時家長所能做的就是注意寶寶的安全而已，事後，對待寶寶不要採取懲罰或獎勵的行為。

Q11 嬰兒一直哭會不會造成疝氣？

A 嬰幼兒的疝氣不管是臍疝氣還是腹股溝疝氣，是出生後本來就存在的，只是被發現的時間早晚而已，當腹壓越來越增加，例如哭聲越來越大時，疝氣就會容易讓父母發現到。哭本身並不會讓一個沒有疝氣的嬰兒變成有疝氣。

第五章

爸媽的第5個為什麼？

居家環境怎麼營造才舒適？

寶寶的體溫較易受環境影響，所以營造適合的居住環境就顯得格外重要，此外，穿著吸汗的棉質衣服，也會讓寶寶感覺舒適。

寶寶適合的環境溫度為25至28℃

嬰幼兒皮膚調節能力較差，易出汗、易受環境溫度影響而改變其體溫。同時，嬰兒在適合的溫度下，能降低為了維持體溫而喪失的能量，而將吸收的食物熱量用在成長上。因此，調整適當的溫度對小嬰兒是很重要的。許多研究指出，**環境太熱是造成嬰兒猝死症的危險因子之一**，因此必須要多花心思。

一般說來，室內溫度以維持在攝氏二十五℃到二十八℃，並保持空氣流通最適合。如果有濕度控制，也最好能在百分之五十至六十左右。當然，冷氣不宜直吹小嬰兒。

寶寶的衣著應以棉質為佳

嬰幼兒皮膚的表面積較小，但汗腺和成人一樣多，其單位面積的汗腺密度是成人的七倍，加上基礎代謝率較快，所以發汗量是成人的二至三倍。

再者，三歲前，嬰幼兒的皮膚未發育完全，雖然含水量較多，但皮膚間隙間隔較大，屏障功能差，而且皮膚的厚度大約只有成人的二分之一到三分之一，所以體內的水分容易流失。如果沒有適度穿著，造成身體過熱或過冷，皮膚會容易出現問題或感到極度不舒服，因此父母必須要多花心思。

嬰兒很容易流汗，內衣的材質以輕軟、易吸汗的棉質為佳，如此也讓嬰兒能活動。外衣則以嬰兒能夠自由活動為主。

根據經驗法則，在夏天，寶寶的衣服比大人少穿一件就可，在冬天，比大人多穿一件，同時要確定寶寶不會因此而過熱。

嬰兒的穿衣參考建議表

室溫（攝氏）	所需衣物
27度C以上	一件上衣＋尿褲 
24～27度C	一件上衣＋一件薄外套 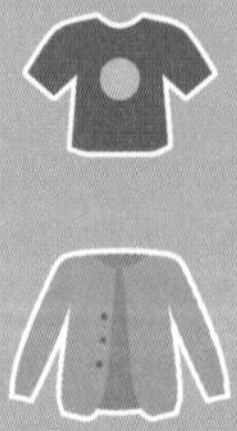
22～24度	一件紗布衣＋一件棉衣＋一件長的外袍 
22度以下	一件紗布衣＋一件棉衣＋一件長外袍＋一件毛毯＋一頂帽子 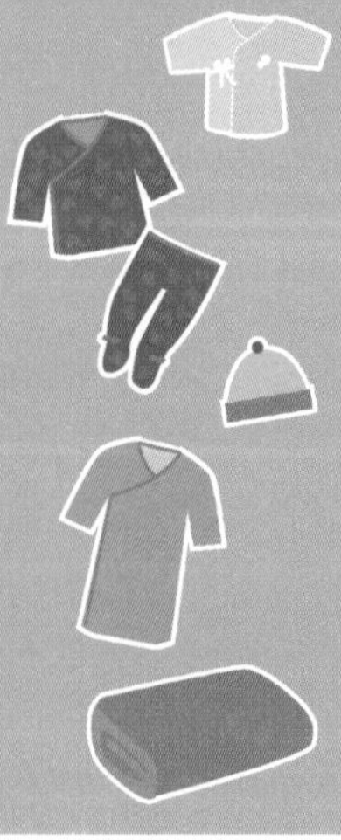

來源：早產兒居家照顧手冊

寶寶的生活Q&A

Q1 醫院嬰兒室的嬰兒都只穿一件紗布衣，不會太涼嗎？

A 在嬰兒室內寶寶雖然只穿一件紗布衣，但外面會包著一件包巾，同時護理師會定期測量寶寶的體溫，避免過熱或過冷，不會感冒的。

反觀在家裡，寶寶在夏天時，比大人少穿一件衣服即可；在冬天時，則比大人多穿一件，若不知是否穿的太少，只要摸寶寶的鼻尖和四肢，感覺溫暖，而寶寶的脖子、後背、頭髮不會一直出汗且情緒良好，即是適當的穿著。

反之，若兩頰脹紅、身上出汗且躁動，表示穿太多了；臉色蒼白、嘴唇暗沉且四肢冰冷，沒有活動力，表示穿太少了。

Q2 寶寶一定要穿紗布衣嗎？手需要用手套包起來嗎？

A 寶寶沒有一定要穿紗布衣，許多媽媽讓寶寶穿紗布衣的目的只是穿脫較容易、洗澡較方便、通風和保護寶寶的皮膚。手也不一定要戴手套，但如果擔心寶寶的指甲劃傷臉，戴著也無彷。

Q3 夏天寶寶一直流汗，需要整天開冷氣嗎？

A 寶寶一直流汗不外乎有兩種原因：

❶太熱（衣物過多或過厚）

嬰幼兒時期的寶寶，由於代謝旺盛、活動量大，皮膚含水量相對比成人高，加上皮膚的微血管分布較多，若爸媽因為怕寶寶著涼而給他穿太多衣服、蓋上過厚的被子，就可能導致寶寶多汗。如果已經穿得不能再少了還是流汗，就可以考慮開空調。

❷入睡後多汗

汗腺分泌汗液是受交感神經控制，出汗量與汗腺發育情形和交感神經的敏感性有關。寶寶由於神經系統發育尚不完善，大腦皮質對交感神經的抑制功能差，即使在晚上睡眠時，交感神經依然處於興奮狀態，故在晚上入睡後往往會出現多汗的情況，不見得是過熱。

這種出汗僅限於頭頸部，尤其是額部為主，等過了一至二小時，寶寶深睡後出汗自然就會消失。一般寶寶不會有其他不舒服的表現，所以爸媽不必太過擔心，而急著開空調。等寶寶長大到學齡期，神經系統逐漸發育成熟，這種入睡後多汗的現象就會消失。

Q4 寶寶的手腳、耳朵經常都是冰冷的，正常嗎？

A 在頭幾個月，寶寶皮膚調節體溫的能力差，若發現手腳、耳朵冰冷，先觀察寶寶的活動力、臉色及唇色。若活動力減低、臉色蒼白或唇色暗沉，代表寶寶可能是穿得不夠或生病了，先加件衣服，等到四肢暖和了再觀察其它之前伴隨的症狀是否消失；若沒有，則要就醫。反之，如果寶寶各方面都正常只是手腳有時冰冷，則不用在意。

Q5 冬天幫寶寶洗澡時很怕他著涼，要洗很熱的水嗎？

A 為了避免冬天洗澡著涼，可先將小澡盆、洗髮精、肥皂、毛巾、浴巾、衣服準備好，以免下水後手忙腳亂。洗澡時間最好在下午或傍晚，喝奶前半小時左右洗澡。一般水溫約三十七至三十八℃為宜。冬天可將水溫提高到四十℃左右，下水前要先試水溫。

Q6 一定要用寶寶專用的清潔用品洗澡嗎？

A 一歲以前，尤其是在新生兒階段，不用天天洗澡，一週洗三次就好，寶寶不會很髒，用清水洗就好，重點部位如屁屁、尿尿和皮膚皺褶部位要確實清洗，寶寶的皮膚很嫩，所以選擇清潔用品時，應以無刺激、不含香料的為主。

當然如果寶寶便便了，最好還是以清水清洗乾淨較不易紅屁股。

Q7 寶寶熱到長疹子了，但老人家堅持要穿薄長袖怎麼辦？

A 兩個方法：

＊一是開空調設法降低室內溫度。

＊二是請老人家陪同寶寶就醫，聽聽醫師的意見。要視每個寶寶的狀況來調整穿著，以不出汗且四肢溫暖為原則。

Q8 寶寶很容易被蚊子咬後出現腫包，是否應穿薄長袖？

A 寶寶被蚊子叮咬後，可能出現厲害的紅腫發炎反應，外表有如蜂窩性組織炎。被蚊蟲叮咬後腫一大包，這是一種免疫反應，通常在同一個環境被同一種類的蚊子反覆叮咬，前幾次紅腫的情況會比較嚴重，但多被叮幾次，人體就會產生耐受度，紅腫的情況會變輕微，所以等小孩大一點雖然被咬，也就不會那麼嚴重。

不過，當叮咬的蟲子病人從沒碰過，或是病人的體質特殊時，大人也有可能出現如此強烈的反應。要避免寶寶被蚊子叮咬，穿薄長袖是方法之一。或者也可考慮使用防蚊液或貼防蚊貼片，稍加避免蚊蟲叮咬。

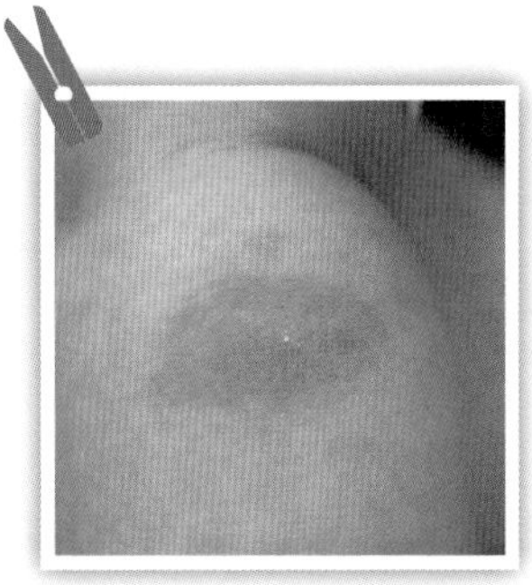

⇧初次被蚊蟲叮咬後的反應，可見皮膚紅紅的腫塊，中間黃黃的水泡

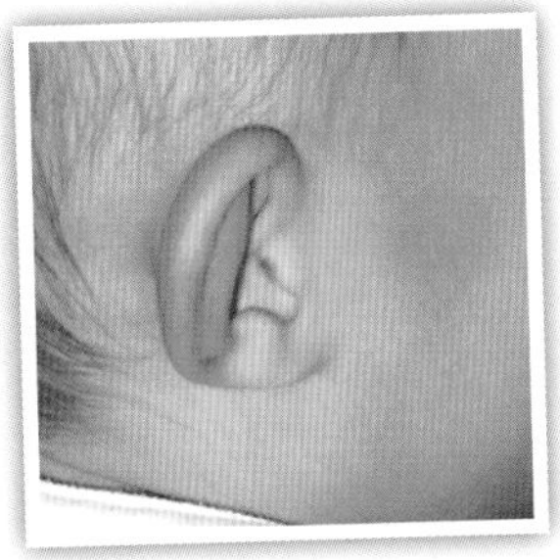

⇧若叮咬的部位在耳朵、手，就可能出現厲害的血管性水腫

Q9 寶寶出生後需要使用空氣清淨機維持空氣品質嗎？

A 過敏研究中有所謂的「衛生理論」，也就是在小時候如果接觸到較多的環境微生物，會刺激免疫系統往不過敏的方向發展，而比較不會產生氣喘等過敏性疾病。

此理論部分解釋了為何愈現代化與西式化的國家，其過敏性疾病人口數不減反增的現象，但這種「衛生理論」是否完全正確尚待檢驗，所以並沒有獲得醫界的共識。

目前已知引起過敏性疾病最重要的過敏原就是塵蟎和黴菌，如果過敏寶寶能夠減少這兩種過敏原的刺激，就可以預防和減少過敏的症狀的發生。

空氣清淨機是以濾除的概念，將空氣中飄散塵蟎屍體、卵及排泄物網住，降低接觸塵蟎的機會。

所以家中如果有過敏寶寶（如已產生異位性皮膚炎），使用空氣清淨機是有幫助的，但正常的寶寶或有過敏家族史但未產生過敏症狀的寶寶是否需要使用空氣清淨機，則沒有定論。

Q10 使用防塵蟎產品（如寢具、吸塵器等）是否較健康？

A 對於過敏寶寶而言，因為塵蟎是主要的過敏原，使用防塵蟎的產品可以預防和減少過敏發生的機率，但如果不是過敏的寶寶，使不使用防塵蟎產品就沒差了。

塵蟎是非常微小的動物，無法由肉眼而必須由顯微鏡下才觀察到，它以黴菌、食物碎屑和人體脫落的皮屑為食，它喜歡暖潮濕的地方，家中沙發、床墊都是它的家，它的分布很普遍，繁殖又快，所以家中很難讓塵蟎絕跡，只是量的多寡而已，但經常採取防治措施可以降低其密度。

筆記欄

第六章

爸媽的第6個為什麼？

寶寶的成長發育正常嗎？

寶寶是家長心目中的寶貝總是擔心他輸在起跑點，其實寶寶的成長有他自己的步調，過分的比較，只會讓自己的情緒太緊繃喔！

0至12個月寶寶的生理發展

寶寶不是大人的縮小版，雖然已經出生，但許多器官還未發育成熟。

寶寶出生時的生長指標與子宮環境有關，不一定表現出小孩的基因特性，在正常營養狀況下，一歲以前個體會逐漸調回父母遺傳基因所決定的生長狀態，所以在六到十八個月之前，寶寶的體重有可能跨越不同百分位區間，而呈上升或下降趨勢。

寶寶3成長指標——體重、身高、頭圍

一般檢視寶寶的成長發育時可從體重、身高、頭圍來看。當然，每個人的生長速度不同，應該觀察一段時間，了解寶寶的生長曲線落在哪個範圍才具有參考價值。

＊體重：

□ 體重第一個月與出生時相比，體重約增加1公斤（吃配方奶的寶寶），而吃母奶的寶寶，最少要增加五百公克，前半年增加最快，每月約五百至八百公克。

□ 四個月約為出生體重兩倍。

□ 在六個月之後，體重每個月約增加四百公克。

□ 一歲時約為出生體重三倍。

＊身高：

□ 出生時身高約為五十公分。

□ 前半年每個月長高二點五公分。

□ 後半年每月長高一點二五公分。

＊頭圍：

- □ 出生時頭圍約三十三至三十五公分。
- □ 出生到第三個月，每月增加二公分。
- □ 三個月大到六個月大，每個月增加約一公分。
- □ 六個月大到周歲時每月增加零點五公分。

0至14個月寶寶的視力發展

出生之後，寶寶的視覺持續發育，一直到七歲才完成。由於視覺與嬰幼兒的學習認知能力、人格發展與社會互動能力有關，父母應了解寶寶視力發展的特性，才能隨時發現寶寶是否有異常發展情形出現。

- □ 新生兒：視力可見範圍，只有三十公分，只能分辨黑白明暗。

□一個月：可以短暫凝視物體。

□二個月：出現追隨物體緩慢移動的能力，兩眼可同時注視同一物體，不過這種能力無法持久。

□三至四個月：眼睛可一百八十度追蹤移動的物體，四個月後會伸手抓取看到的東西，可分辨不同物體的大小與形狀，辨認出紅、黃、藍、綠的色彩，但還只能看眼前一尺以內的東西，此時會認出熟悉的臉，甚至會回報以有意義的微笑。

□五個月：嬰兒眼球內黃斑中心的發育已趨完成，能分辨人的面貌，如果不能穩定注視目標，表示視力不佳。

□六至八個月：具有三度空間的概念，可以看到房間裡約三公尺內的東西。

□八至十四個月：手眼協調成熟階段，學習用兩眼判斷距離，視力約為零點二至零點三。

0至12個月寶寶的神經肌肉發展

神經的發展是從頭到腳，由軀幹到四肢，從大肌肉到小肌肉，如果沒有隨著年齡慢慢成熟，達不到百分之九十同年齡寶寶的水準就是發展遲緩。

- □ 二至四個月：開始可以控制頭部，在俯臥時，可以把頭抬起來。
- □ 五個月：仰臥抬頭及翻身。
- □ 四至六個月：透過抓、丟、推、拉等動作逐步發展小肌肉的能力。
- □ 七至八個月：會自己坐著。
- □ 八至九個月：會爬、使用雙手操作玩具，使用食指、拇指抓起東西。
- □ 十一個月：會自己扶著東西站起來。
- □ 十二個月：會自己站或走，拇指與其他手指的運用更靈活。

0至12個月寶寶的心理發展

感官功能及智能的變化、成熟稱為發展，主要包含八個層面：

❶感覺、知覺。
❷動作、平衡。
❸語言、溝通。
❹認知、學習。
❺社會性。
❻情緒。
❼性心理。
❽整合性。

發展遲緩是指兒童在上述發展項目上有異常或落後，但不確定此一障礙是否會繼續持續下去。根據世界衛生組織的統計，兒童發展遲緩的發生率約百之

分六至八，對於這類兒童，若能及早發現，及早治療，有專家學者認為三歲以前做早期療育一年的功效，是三歲以後十倍的的功效。

0至12個月寶寶的認知能力發展

- □新生兒：會注意人的臉部輪廓與表情，能分辨媽媽的臉孔與聲音，約七至八個月大，能了解臉部表情所代表的意思。
- □三個月大：可分辨不同物體的大小與形狀，對於外界較明亮且色彩鮮豔的玩具開始產生興趣。
- □從九個月大開始：寶寶喜歡玩躲貓貓的遊戲，而從十個月大後，寶寶了解因果關係而開始喜歡玩「你丟我撿」的遊戲。
- □八到十二個月：會開始出現有「目的」的行為，如：拆掉包裝紙，以便拿出玩具。

0至12個月寶寶的語言溝通發展

- ☐ 新生兒：會注意聲音的來源，喜歡聽溫柔的聲音，也會透過哭聲表達自己的需求。
- ☐ 接近六週：露出第一個笑容。
- ☐ 三個月時：對著寶寶說話，他會微笑。
- ☐ 六個月：開始牙牙學語，會發出如：ㄇㄚ、ㄅㄚ、ㄉㄚ之類無意義的聲音，同時開始對自己的名字有反應。
- ☐ 九個月大：會經常模仿、重複他人的說話及聲音，對簡單熟悉的指令，如：「不行」及「再見」等會有反應。
- ☐ 一歲大：開始會有語言上的溝通，也聽得懂一些簡單的指示，知道東西各有名稱。

0至12個月寶寶的社會情緒發展

新生兒天生就具有自己獨特的情緒反應特質，稱之為「氣質」，有些嬰兒作息規律，經常表現出愉快的情緒，比較容易適應環境的改變，有些則相反。

- □ 六週時：哭聲的區別差異更明顯（妳會知道寶寶是餓了、累了還是生氣），而且會發出更多種聲音（ㄚ、ㄟ、ㄨ和ㄡ）。
- □ 三個月時：會留下真正的眼淚，喜歡黏人，對於父母講話或微笑反應熱烈。
- □ 六個月大：可能對陌生人會感到害怕，顯現出真正的個性，喜歡固定作息，不喜歡變化。
- □ 七個月大：出現分離焦慮。
- □ 九個月大：使用肢體語言來表達情緒，喜歡玩躲貓貓的遊戲，開始比較不黏人，但是感覺疲倦或不舒服時還是會緊黏人。
- □ 一歲時：開始了解鏡中人就是自己。

寶寶的成長發育 Q&A

Q1 母乳寶寶的體重增加，和母乳的品質有關嗎？

A 母乳寶寶的體重一個月增加需超過五百公克，一個健康的媽媽，只要餵食得當，能提供寶寶四到六個月以前所需要的營養與熱量。

胖不代表健康，許多證據顯示，親餵母乳是新生兒預防日後肥胖的最佳選擇，因為透過親餵的方式，寶寶能主動決定何時吸奶何時停，而不是讓爸媽強迫他將奶瓶中的奶喝完。

Q2 寶寶比別人瘦小怎麼辦？

A 人本來就有高矮胖瘦的差異，並不是胖就是最好、瘦就是最差，但許多父母常常會拿自己的寶寶與其他同年齡的寶寶相比，而忘了自己的寶寶是個獨立的個體。每個人都有自己的生長速率，應該關心的是在過去的一段時間裡，是否有按照自己的生長速率在發育。

寶寶的生長與發育是動態而且是連續的，父母可以利用《兒童健康手冊》內的生長曲線圖來觀察寶寶在一段時間內動態的生長變化。在營養門診中，常會被父母問到寶寶現在的體重正不正常，此時家長若能提供寶寶過去的生長曲線，醫師便可一目了然做出判斷。

如果寶寶位於小於第三個百分位（若一直維持自己的成長步調，就算一直維持在第三個百分位也算正常個子較嬌小的寶寶），或者一段時間突然下降兩個生長曲線，就要讓小兒科醫師做進一步的評估是否有生長遲緩的現象。寶寶瘦小，不外乎下列幾種原因：

＊頭小、個子矮、體重輕

大部分是遺傳（體質）、基因染色體缺陷、神經問題、先天性代謝異常、先天性感染等問題。

＊頭圍正常、體重雖然皆較正常輕，但身高明顯比人家矮一截

考慮是否有內分泌或骨骼生長異常，如馬戲團裡的侏儒即屬於這一類。

＊頭圍與身高正常，但體重明顯較輕

屬於營養不良，主要由於攝取量不夠（如偏食、照顧者疏忽等）、消化吸

收出了問題（如慢性腹瀉）、一些慢性疾病消耗太多的熱量（如先天性心臟病、肺結核、腎小管酸血症）或者熱量無法供給到周邊組織利用（如肝醣貯積症）。若此類型寶寶一直無法改善潛在原因，最後身高就會受到影響。

Q3 寶寶一直很胖，長大後會變胖子嗎？

A 寶寶肥胖的原因目前仍不明瞭，但大致上可分成外因性和內因性。

百分之九十九的肥胖屬於外因性肥胖，也就是受遺傳或環境因素所影響，百分之一的肥胖屬於內因性肥胖，也就是病態性肥胖，這類肥胖與內分泌、中樞神經系統受損害或一些體畸型症候群有關，所以寶寶若過胖，應先去看醫師找出原因。

預防重於治療，小時候胖，將來長大胖的機會大增，如何避免寶寶肥胖？嬰兒期盡量親餵母乳，若使用嬰兒配方，喝不完也不要強迫寶寶進食，尊重寶寶的食慾，一天不要超過一千cc；嬰兒啼哭時，確定寶寶是因為肚子餓後才餵食；六個月大前不要給寶寶吃果汁，四至六個月後提供多樣化的副食品，但應以天然、清淡食物為主而非甜食。

（註：兩歲之後才有BMI的參考值，嬰兒無法計算BMI，所以很難定義是否胖，只能參考生長曲線是否越來越上升。）

Q4 寶寶的牙齒長得比較慢是鈣質不夠嗎？

A 目前沒有證據顯示補充鈣質可以增加乳牙發牙的速度，乳牙在胎兒時期就開始形成，寶寶出生時，牙胚在牙床內，已經做好長牙的準備，但開始長牙的時間和牙齒長全之前的速度個人差異很大，通常女孩的長牙速度比男孩快，只要寶寶有牙胚，長牙比同齡寶寶慢也沒關係，父母不需過度擔心，到兩歲半至三歲之間，一定會將二十顆乳牙長齊。

如果超過一歲半寶寶還是沒長牙，可以考慮照X光片，以明確牙床內有無牙胚，如果有牙胚，遲早會長出牙，如果沒有牙胚，就要考慮無牙畸形的問題。

超過一歲仍未長出第一顆乳牙，稱為「乳牙晚出」。「乳牙晚出」常見的原因是患了先天性疾病，如先天性甲狀腺功能不全、骨化不全症候群、維生素D缺乏、染色體疾病或腦下垂體疾病等。不過，通常這些寶寶除了牙齒之外，還會出現其他臨床現象。

所以，如果寶寶發育、發展正常，沒有特別的疾病，即使長牙晚些也不必擔心。

Q5 什麼時候要開始幫寶寶清潔口腔？

A

*還沒長牙時：父母就可以用乾淨的紗布或指套幫寶寶清潔牙齦及口腔，先讓寶寶熟悉清潔口腔的動作及減少發生鵝口瘡的機會。

*長門牙後：可以開始為寶寶潔牙，以乾淨的紗布巾擦拭牙齒和牙齦，尤其是在餵食後與睡前，必須將口腔的食物殘渣和奶垢擦拭乾淨，切勿讓寶寶喝奶睡覺。

*乳臼齒萌發後：就需改用小牙刷來幫寶寶清潔牙齒。

Q6 寶寶很慢才會說話，要看醫生嗎？

A

「大雞慢啼」的觀念是錯誤的，不要抱著「長大會好」的觀念，語言發展落後有可能是聽力問題或情緒障礙如自閉症等，當發現寶寶比同年齡小朋友慢說話，要看醫師，如果有問題，愈早接受早期療育，效果越好。

當然，語言發展的領域裡「正常」範圍是很廣的，這裡幫大家作一個整理，讓父母及主要照顧者能較為清楚的了解在成長過程中，什麼時段大致會出現什麼樣的語句，可以讓親子互動時更有趣，爸爸媽媽能做為觀察的依據，也可以作為互動教導的參考。

年齡	發展能力	舉例說明
出生到六個月	會專注動作者或說話者	餵寶寶喝奶的時候，他的眼睛會看著媽媽的臉。
	對有趣的活動會有互動反應	成人對寶寶玩逗弄（搔癢）的遊戲，他會咯咯的發笑。
	會察覺聲音	寶寶躺在床上，聽到床旁有成人在交談，會停止發出聲音。
	會用不同的哭泣方式表達不同的需求	寶寶身體不舒服時，哭聲尖銳高亢。
	能分辨熟悉或不熟悉的人	寶寶給陌生人抱時會掙扎或哭泣；寶寶給媽媽抱時，會顯得情緒安穩高興。

年齡	發展能力	舉例說明
七個月到一歲	與成人玩簡單有肢體互動的遊戲	與寶寶玩「躲貓貓、手遮臉」時，寶寶會用手去撥開媽媽遮住臉的手。
	聽懂禁止的命令	當寶寶亂丟玩具，媽媽對寶寶說「不可以」，寶寶會停止去做。
	會模仿、揮手再見	聽到「再見、byebye」寶寶會揮手，會牙牙學語。
	對自己的名字有反應	寶寶會注視叫喚他名字的人，或是伸手表示要抱。
	能回應「給我」的指令	喝完牛奶跟寶寶說：「ㄋㄟㄋㄟ給媽咪。」寶寶可做出適當的反應。
	理解稱謂的意思	問寶寶「阿公呢？」寶寶會看看阿公的房間或看著阿公。

Q7 寶寶可以坐多久？坐著時常往後倒，會不會怎麼樣？

A 正常寶寶不需要學坐，時間到了自然會坐，隨著年齡的增長，寶寶會依序出現下列三種類型之支撐反射，讓自己坐得更穩：

＊前支撐反射：最先出現。將寶寶扶坐，稍將身體前推，會引發上肢往前支撐之反射動作。此反射動作出現於四至五月左右，終生存在。此動作出現是寶寶要學會「坐」的前驅動作。

＊側支撐反射：將寶寶扶坐，稍將身體側推，會引發上肢往旁邊支撐之反射動作。此反射動作出現於六至七個月左右，終生存在。

＊後支撐反射：將寶寶扶坐，稍將身體後推，會引發上肢往後支撐之反射動作。此反射動作出現於八至九個月左右，終生存在。

提醒父母，如果寶寶九個月後仍坐不穩，就要就醫。

Q8 寶寶一定要學爬嗎？如果直接會走路怎麼辦？

A 有些寶寶在冬天因為穿較多的衣服不願意爬，或家長長時間抱著、坐學步車而過了爬的階段，直接學站立或走路，其實觸覺仍是寶寶發育過程中的重要感覺，它可以鍛鍊大腦和動作協調能力，所以在七至九個月階段，仍然要多鼓勵寶寶多爬。

當然囉！如果寶寶直接學會站或走路，父母也可以設計一些攀爬的遊戲機會，讓寶寶練習爬。

Q9 寶寶爬行的姿勢很奇怪，像拖著走，是正常的嗎？

A 寶寶剛開始學爬行時，有些寶寶會往前爬，有些則用屁股在地上拖著走，這兩種不同的方法都是正常的，對日後走路的狀況不會造成影響。

對剛學爬的寶寶而言，要讓四肢保持協調是一大挑戰，很多寶寶第一次嘗試爬行就是採「倒退嚕」的方式。

⇧寶寶的爬行姿勢。

Q10 寶寶學爬時是否要穿著護膝套、防撞帽，以免受傷？

A 戴護膝套和防撞帽不是不好，只要寶寶願意帶。

與其戴護膝套，防撞帽還不如事先預防意外事故，如千萬不要讓寶寶單獨留在換尿布檯、床、沙發或椅子上。當無法抱他時，應讓寶寶留在有柵欄的嬰兒床或遊戲圍欄內。

有些寶寶可能六個月大時就能爬行，在樓梯口應設置柵欄和關上房門，二樓以上的窗戶應上鎖。

如果寶寶發生嚴重的跌落，或跌落後的反應和之前不同，應帶寶寶給醫師做檢查。

Q11 寶寶開始學走路時，就需要穿著學步鞋嗎？

A 一旦寶寶已經會走路一個月，而且腳步穩，就可以準備穿合適的鞋子，所謂合適的鞋子是指柔軟、有彈性、可以繫緊、腳底防滑且合腳的。

⇧寶寶的學步鞋。

建議一次買一雙，因為寶寶的腳長的很快，六至八週再幫寶寶量一次腳，以視是否需更換尺寸。

Q12 寶寶可以坐學步車嗎？

A 不要讓寶寶坐學步車，學步車是最危險的嬰兒器材之一，因為寶寶的移動速度比他的控制能力快許多，再者，寶寶可能會弄翻學步車，碰到障礙物也可能翻覆因而摔出來，甚至從樓梯上跌下來導致腦部受傷，切記學步車能讓寶寶去任何可能發生危險的地方。

學步車也不能幫助寶寶正確學習走路，若「揠苗助長」，長久下來對寶寶的發育是有影響的，如怪異的走路姿勢。

Q13 該讓寶寶在家裡爬上爬下嗎？鋪地墊比較安全嗎？

A 剛學爬的寶寶，對於高度與距離沒什麼概念，所以不怕高，不怕掉下來，加上活動力強、好奇心重，所以應布置一個安全環境讓寶寶爬行，如鋪地墊、使用高腳椅、把低矮桌子的桌腳裝上護套、蓋住插座、易碎尖銳物品搬走、樓梯及廚房加裝安全門等，最重要的是寶寶在爬行時不能離開妳的視線範圍，因為妳永遠都不知道下一秒他會做什麼事。

Q14 寶寶喜歡人家抱，不喜歡自己爬或走路怎麼辦？

A 有許多孩子因家長過度保護的關係，害怕孩子跌倒受傷，所以很少讓孩子爬、走路、跑、跳，而造成大肌肉的張力不足，所以只要走遠路，兩腳就無法負荷，而且寶寶也失去自信，不敢冒險。

所以我們應該自小提供孩子大肌肉張力訓練的遊戲，在安全的範圍內鼓勵孩子從事**攀爬、跑跳的遊戲和運動**，所以關鍵在大人的決心而非寶寶的意願。

Q15 寶寶生氣時會大聲尖叫、亂踢，是否有情緒障礙？

A 寶寶因為還沒有足夠的語言技巧來表達自己的感受，所以就會用最原始的方法大聲尖叫和亂踢來發洩，每個寶寶的氣質不同，但這是很常見的行為，不一定有問題。

重要的是父母在寶寶尖叫時，除了要儘快找出原因，更應盡量避免對寶寶的尖叫聲產生過於激烈的反應，否則可能會讓寶寶誤認為妳正在與他進行某種有趣的遊戲，而這種錯誤的連結，可能會在無形中強化寶寶愛尖叫的行為！

Q16 寶寶都不會分享，很會搶其他寶寶的東西怎麼辦？

A 學步兒以自我為中心，還不懂得分享和輪流，這是正常的心理，不用擔心，可以鼓勵，但不要期望他會馬上學會分享。

Q17 寶寶只喜歡媽媽抱，不喜歡其他人，是有自閉症嗎？

A 寶寶出生之後一年內本能的會喜歡黏親人，到了六個月對陌生人感到害怕，七個月大開始分離焦慮，這些都是自然的反應，不能光靠只喜歡媽媽抱不喜歡其他人就認定有自閉症。

臨床上我們看到有下列問題的嬰幼兒時，除了先確定聽力有無問題外，還會轉介給兒童心智科醫師做進一步自閉症的評估：

☐ 六個月大時：不會笑或露出興奮表情。

☐ 九個月大時：不會出聲和笑，或有其他表情。

☐ 一歲時：不會牙牙學語。

☐ 十六個月大時：仍不會說話。

☐ 二歲時：仍說不出兩個字。

☐ 一直不會說話或與人交流。

寶寶的心血管Q&A

Q1 寶寶出生時做新生兒自費心臟超音波，醫師告知有心雜音，需追蹤，怎麼辦？

A 如被告知嬰兒有心臟雜音，父母不必過於緊張，因為大部分是良性、暫時性的現象，並非有心臟雜音就是罹患了先天性心臟病，而大多數心臟雜音會隨著年齡增加而慢慢消失。

此時會有心雜音的可能原因為卵圓孔開啟或短暫性開放動脈導管及短暫性周邊肺動脈狹窄，這些都可視為新生兒的過度性生理現象，不屬於病理變化，四至六個月後，九成以上會自動消失。

如果心雜音合併有發紺、呼吸急促、心跳異常、產前超音波心臟檢查疑有明顯先天性心臟病、心縮期雜音強度在三度（含）以上，或低體重發育不良的情形，應考慮立即轉診到兒童心臟專科醫師接受進一步檢查，其他情形雖可不需立即轉診，但仍需建議在短時間內由兒童心臟專科醫師會診，確認引起雜音的原因。

寶寶的生殖系統 Q&A

Q1 女寶寶出生後沒幾天，陰道出血，是否正常？

A 女嬰在出生數天後會從陰道流出血，且持續一至二天，由於這與女嬰本身的荷爾蒙無關，所以稱假性月經。

發生這種情形的原因是因為在胎兒時期，母親的荷爾蒙穿過胎盤刺激女嬰的子宮，造成女嬰的子宮內膜增厚，但是出生後，此一母體荷爾蒙刺激消失，女嬰的子宮內膜因得不到刺激而產生剝落，造成月經。這情形類似成年女性的荷爾蒙戒斷作用。

若寶寶出現這種情形，屬於正常現象，無須擔心。

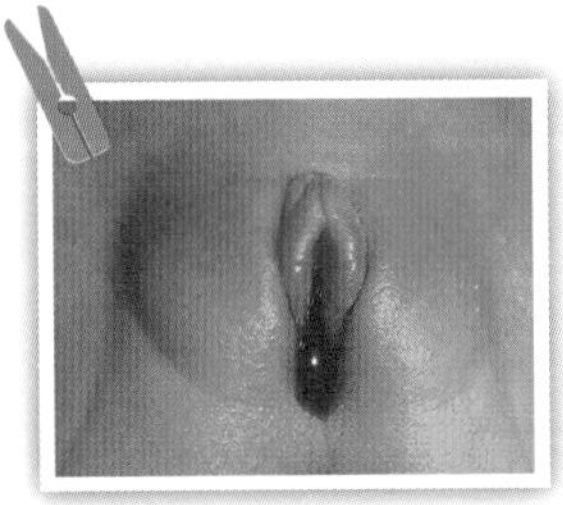

⇧假性月經。

Q2 女寶寶好像有胸部，是怎麼回事？

A 出生後數日內出現乳房逐漸增大的現象，有時還會分泌出乳汁。

這是由於受到體內殘存媽媽荷爾蒙的刺激而產生，而隨著媽媽的荷爾蒙逐漸在寶寶體內消失，二至四週後乳房腫大現象會逐漸消失，但也有可能存在六個月之久，不需要治療。

不可擠壓，因為可能會造成感染。如果出現外觀紅或觸痛，就要帶給醫師診治。

Q3 如何得知男寶寶的小雞雞長度是否正常？

A 有些男寶寶出生後小雞雞看起來小，特別容易發生在胖寶寶身上。其實是因為寶寶胖，下腹部皮下脂肪厚，所以外觀上，小雞雞有一大截就埋在皮下，無法像一般男生一樣正常的看到。

要確定寶寶小雞雞的長度，檢查的時候一定要用手把厚厚的脂肪往下按，如果按下去以後，看到小雞雞的長度大於兩公分，那就沒有關係，可以暫時不理它。

Q4 男寶寶的包皮需要割嗎？

A 大部分嬰幼兒的包皮是緊緊包著龜頭的，這現象叫做包莖。只有少數幼童龜頭能像大人一般自由露出，所以幼童有包莖現象是正常的。

據統計，百分之九十的新生兒有包莖現象，三歲時則為百分之五十，五歲時為百分之五，青春期為百分之一。

換句話說，包莖現象通常會隨年齡長大而消失，而且大部分有包莖的兒童是沒有其他症狀的。

*嬰幼兒：對於嬰幼兒的包莖，目前並無充分的理由來執行常規性割包皮手術。

*兒童：對於較大兒童若尚有包莖現象，可以先用含類固醇藥膏局部塗抹二至四週，再配合包皮漸進式的後推，可達到不錯的效果。此外，每次洗澡時，包皮應該盡可能翻出來洗。

若較大兒童經保守療法無效或經常有包皮發炎的現象時，可考慮做割包皮手術。

Q5 男寶寶的蛋蛋怎麼一邊大一邊小？

A 有兩種可能，一是陰囊水腫（外觀上持續存在）、二是腹股溝疝氣（忽大忽小）。

陰囊水腫的症狀為一側或兩側陰囊腫大，有時需與疝氣區別。發生陰囊水腫的原因是腹部與陰囊之間的通道出生後未自行關閉，腹水經由此一通道流到腹股溝或陰囊內。陰囊水腫，尤其是較小的，在一歲以前有自癒的機會，故不必急著治療。如水腫很大或於一歲後仍沒有痊癒，可以手術治療。

腹股溝疝氣發生的原因是出生後腹部與陰囊之間的通道未自行關閉，當腹部用力時，腹腔內的腸子就會經由這個通道而滑入鼠蹊部或陰囊，此時外觀上就可看到鼓出軟軟的一團。但如果腸子卡住，無法退回腹腔，時間太久會因缺血而造成腸子壞死，甚至有生命危險。這種腹股溝疝氣不會自己恢復，必須要動手術才能根治，手術年齡沒有限制。發現腹股溝疝氣時，最好及早手術，因為任何時候都有可能會發生箝閉性疝氣。

Q6 女寶寶也會有疝氣嗎？

A 女寶寶還是會有腹股溝疝氣的可能，只是較低。（男比女約九比一），而女寶寶若有疝氣時，腹股溝的位置會鼓起一塊軟綿綿的東西。

第七章

爸媽的第7個為什麼？

寶寶皮膚紅紅，是過敏了嗎？

剛出生寶寶的身體還很軟、皮膚也很細緻，可能會出現許多讓家長搞不清楚是生病還是正常的狀況，事先了解，可以省去不少不必要的擔憂喔！

寶寶的皮膚問題

寶寶的皮膚細嫩，常見的皮膚問題有黃疸、斑、紅疹、血管瘤、尿布疹等，爸媽可先仔細觀察，再考慮是否就醫。

新生兒常見的生理性黃疸

新生兒黃疸指的是寶寶在出生後一個月內所產生的黃疸現象。多數的新生兒黃疸是生理性黃疸，原因是新生兒的紅血球數目較多、壽命較短、同時肝臟的機能尚未成熟，無法處理過多的膽紅素所造成。

生理性黃疸，會在出生後第二到四天出現，第四至五天左右達到高峰，第七到十四天內自行消退。膽紅素值常可達到11至12毫克／毫升左右，但很少超過15毫克／毫升。

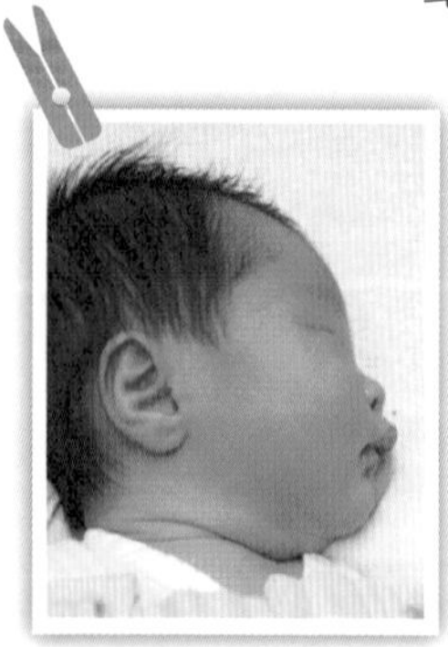

⇧黃疸。

若大腿皮膚泛黃就需就醫

一般黃疸出現的順序為：從頭到腳，消退的順序則相反。當父母發現寶寶大腿皮膚也泛黃時（此時膽紅素指數約達15毫克／毫升），就要帶寶寶去看醫生了。等到寶寶手掌及腳掌都泛黃時（膽紅素指數約已經超過20毫克／毫升），大多需要住院檢查及治療。

治療黃疸必須依據不同原因採取不同的治療，包括照光、藥物、換血及處理個別的原因。

湯醫師特別叮嚀

需特別注意的病理性黃疸

若黃疸出現太早（第一天出現）、上升得太快，或持續的時間太久（超過兩週以上，也就是延遲性黃疸），就有可能是病理性黃疸，要接受檢查。

病理性的黃疸原因如下：

＊膽紅素產生過多：溶血性疾病，如胎兒母親血型不合（母親O型，嬰兒A或B型）、蠶豆症等；頭皮血腫、腎上腺出血、腦出血等；腸阻塞。

＊膽紅素排泄不良：代謝性疾病如半乳糖血症、甲狀腺機能降低等；阻塞性疾病如肝炎、膽道閉鎖。

＊膽紅素產生過多及排泄不良：如泌尿道感染、敗血症等。

寶寶身上與生俱來的斑

有些嬰兒身上的斑是與生俱來的，與懷孕時無關，有些會隨著年紀增長而消失或變淡，有些則一直存在。發現斑時，最好帶給小兒科醫師確認是何種斑，因為斑的位置、大小、數目，都有可能是重大疾病的訊號。常見的斑有鮭魚斑、蒙古斑和咖啡牛奶斑。

寶寶身上經常莫名出現的紅疹

在一歲前，寶寶的身上常莫名其妙出現一些疹子，有時一至兩天即消失，有時卻持續好幾週。有些疹子好像會引起寶寶不舒服，有些好像又不會。

新生兒和嬰兒的皮膚很嫩，一點點的刺激如汗水、口水、食物殘渣、奶水都有可能讓皮膚起紅疹。照顧的重點是**清潔、乾爽與涼快，最好的穿著為純棉質衣物，最好的清潔劑為溫水**；夏季時，不要把小嬰孩包得滿身是汗，冬季時，則要注意保暖及皮膚的保濕。不要隨便洗酵素澡，（嬰兒尤其是新生兒的身體其實是很乾淨的，一週洗三次澡就夠了，且只要重點部位如皺褶、生殖器用嬰兒沐浴精洗洗就可以了）和亂擦藥膏，嬰兒乳液及嬰兒油亦非多多益善，如果可以不用還是盡量不要用。

嬰兒的皮膚不可能一點疹子都沒有，不必每天全身檢查，發現一點小疹子而大驚小怪，真的不放心再請教小兒科或皮膚科醫師，如果醫師告訴妳這些皮疹是屬暫時性、良性的，那就請放心吧！

寶寶可能出現的良性血管瘤

可能於出生時即存在，也有的是慢慢才出現。嬰兒型血管瘤有深淺不同之分，常見以淺型的居多（如草莓狀血管瘤），深型與混合型則較少見。深型的血管瘤，外表顏色會帶有紫藍色，摸起來周圍顏色正常的皮膚也覺得比較腫。

另外，嬰兒型血管瘤依據分布位置可以分為局部型、多發型、分節型（在某部位出現大範圍，再延伸到其他位置）、不確定型（indeterminate），其中分節型的嬰兒型血管瘤可能合併其他先天性缺陷（腦或心血管異常、眼睛病變、泌尿系統、骨骼、腸道異常）和較易產生併發症如潰瘍。

傳統「觀察與等待血管瘤消退」的觀念並非適用於所有的嬰兒型血管瘤。因為有些嬰兒型血管瘤甚至還合併其他器官病變。

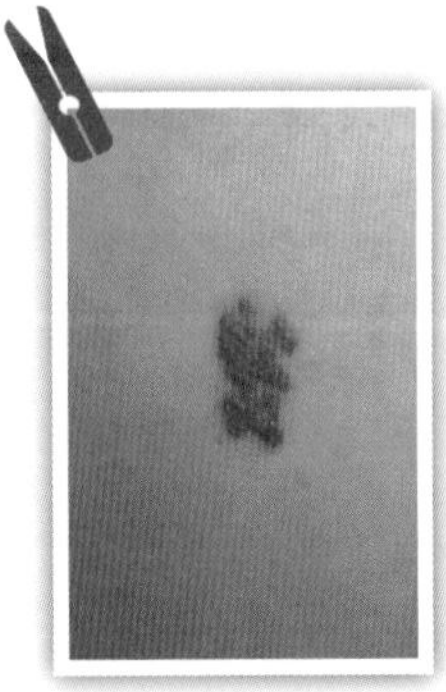

⇧草莓狀血管瘤。

大多數小型、局部、非長在臉部五官、不影響呼吸道、沒有出血或潰瘍的血管瘤可以選擇觀察和等待，但下列情形必須及早治療：分節型血管瘤、發生在五官的局部型血管瘤、已發生潰瘍和出血的血管瘤。

另外，身上皮膚有五個以上血管瘤的患者是發生肝臟血管瘤的高危險群，必須進行腹部超音波篩檢。

治療可採取類固醇、干擾素、動脈栓塞、手術等，近幾年來，乙型腎上腺素接受器阻斷劑（propranolol 口服，timolol 外用）意外被發現對於治療嬰兒型血管瘤有著不錯的療效，因而取代了傳統類固醇（口服、外用或注射於病灶），成為第一線的治療。

屁股不透氣就可能出現的尿布疹

嬰兒的皮膚較敏感，當臀部經過大小便的刺激，又被尿布包著不透氣時，尿布疹就有可能發生。

當發生尿布疹時，可擦氧化鋅藥膏或含輕微類固醇的藥膏，同時將患部曝露於乾熱的狀態下。其實勤換尿布，保持臀部皮膚清潔及乾燥才是預防尿布疹的不二法門。

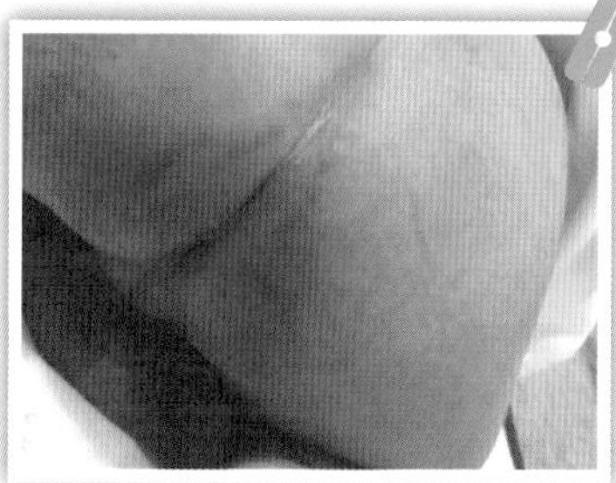

⇧尿布疹。

寶寶的黃疸 Q&A

Q1 該如何辨別寶寶是不是有黃疸？

A 每天固定一個時間，將寶寶抱至陽光充足或日光燈下，用食指輕壓皮膚，看是否有「反白」的現象，若無「反白」則表示仍有黃疸存在，觀察順序可由鼻尖往足底的方向檢查。

黃疸進展的順序是由臉到腳，眼白的地方先黃，若只有眼白泛黃，可先觀察；若皮膚泛黃的速度太快，或泛黃已到大腿部位，則需帶給醫師做進一步處理。原則上，生理性的黃疸不會影響寶寶的食慾和體重，但病理性的黃疸會。

除了觀察寶寶每日的膚色變化外，大便的顏色也很重要，《健康手冊》上都有附有大便卡，上面有九種不同的大便顏色，如果偏白或看起來油油的，要儘早帶寶寶看醫師。

Q2 曬太陽可以降黃疸嗎？黃疸指數多少時，需接受照光治療？

A 並非所有的黃疸都可用照光治療，只有間接型黃疸如溶血性疾病，照光才有用，若是直接型黃疸（註），皮膚越照只會越黑。

如果是間接型黃疸且黃疸指數高於15毫克／毫升以上，醫師會建議照光治療，但並非絕對。照光治療是一種相當安全的治療方法，利用特殊波長的光（白光、藍光）可以使間接型膽紅素轉變成無毒性的物質，易於排泄。

但日光燈或太陽光之波長不適當，無法有效降低黃疸，且太陽光太強或照射太久都會引起嬰兒脫水，反而有危險。

註：膽紅素在血液中堆積就會形成黃疸，依不同型態的膽紅素堆積而形成直接型或間接型黃疸。膽紅素主要是因為紅血球被破壞所產生出來的廢棄物，此時形成的膽紅素為間接型膽紅素，具毒性且不溶於水，必須與血液中的白蛋白結合，送到肝臟，經過肝內酵素的轉化作用，轉變成水溶性的直接型膽紅素，之後經由膽道排至小腸，與糞便混在一起，從肛門被排出體外。

Q3 寶寶有黃疸，還可以繼續餵母奶嗎？

A 重點是寶寶的黃疸是什麼原因引起的。如果不是母奶引起的黃疸，仍然可以餵母奶，即使是母奶引起的，在黃疸指數15至17毫克／毫升之下時，仍可放心的哺餵母乳。如果超過此數值時，可以和醫師討論比較適合寶寶的處理方式，如果考慮暫時停餵母乳改餵配方奶時，一定要按照嬰兒平常吃奶的頻率繼續將母乳擠出來，否則，當黃疸退了時，母乳也沒了。

一般醫師會建議暫停母奶哺育的原因，是為了判斷寶寶的黃疸是否為母奶引起，有時黃疸的原因很多，為了避免做過多不必要的檢查，暫停母奶哺育可以快速讓醫師了解是否有進一步檢查的需要。

如果停餵母奶四十八小時後，黃疸指數顯著下降，則寶寶的黃疸可能與母奶有關。

寶寶的斑 Q&A

Q1 寶寶的後腦勺有一塊約50元大小的紅點，長大會消失嗎？

A 這種外表平坦，形狀不規則，壓會退，但放手又會出現的斑稱作「鮭魚斑」，這是一種血管擴張造成的斑，依出現的位置不同，另有不同名稱。發生在上眼皮者，稱作「天使之吻」，一般在一歲半之前消失；發生在前額眉間者，稱之為「火焰痣」，哭鬧時會很明顯，一般也是在一歲半之前消失；發生在後腦杓到頸部位置的，稱作「送子鳥咬痕」，比較難消失，有一半的人到成人還未消失，如果三歲之後還沒有消失，就不會消失了，日後可採雷射去除。

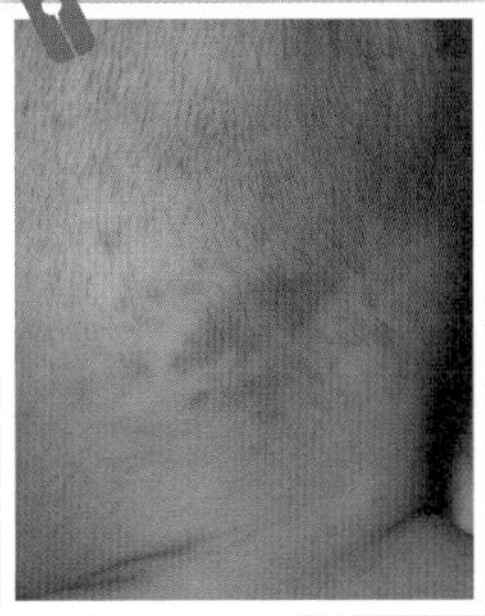

⇧此處以送子鳥咬痕圖為代表，其餘天使之吻、火焰痣與送子鳥咬痕外觀相同只是位置不同。

Q2 寶寶的後背和臀部有青色的斑塊，是出生時被偷打嗎？

A 這種像瘀青的藍色斑塊，常出現在新生兒的背、腳、臀部，稱作「蒙古斑」。台灣的嬰兒發生率高達六成，大多數在三至四歲時消失，最慢也會在青春期前消失。

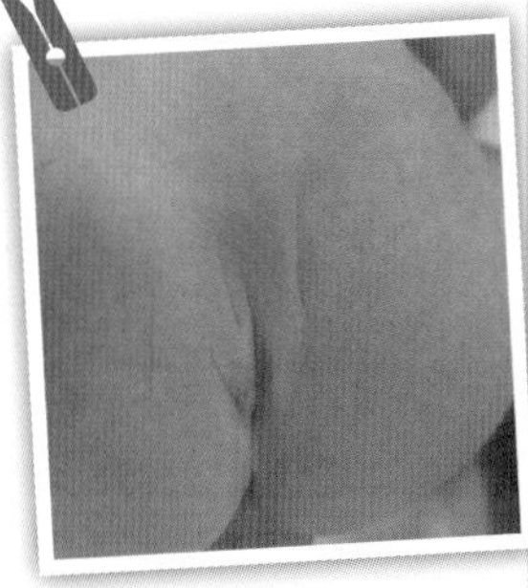

⇧蒙古斑。

Q3 寶寶身上有許多咖啡色的斑點，聽說與神經纖維瘤有關？

A 約有百分之十的正常兒童可有一至三個咖啡牛奶斑，外觀為扁平之棕色斑塊，通常並無臨床意義，若身上有超過六個以上大於直徑5mm的斑塊，就有可能合併神經纖維瘤，必須帶給兒科醫師檢查。

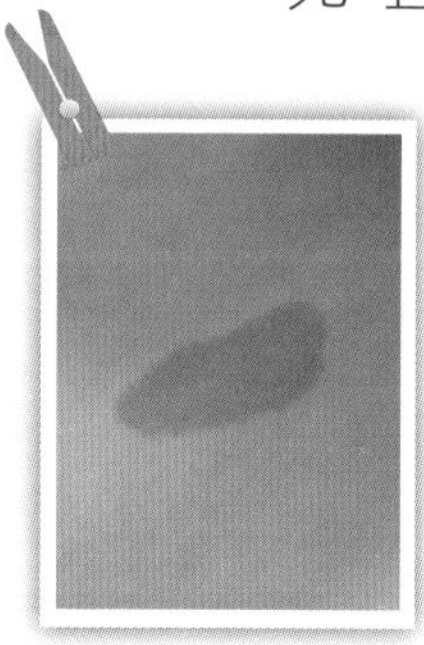

⇧咖啡牛奶斑。

寶寶的紅疹 Q&A

Q1 生產前喝綠茶或吃黃蓮可以減少胎毒，讓寶寶的皮膚比較好嗎？

A 西醫沒有「胎毒」這個醫學名詞，所以沒有辦法用科學來解釋或定義胎毒的原因，當然生產前喝綠茶或吃黃連可以減少胎毒的說法也就無從證實是對或錯了。

Q2 新生兒的皮膚很乾燥，還會脫皮，塗乳液有幫助嗎？

A 新生兒在出生後的七天內，體重會有下降的現象，稱之為「生理性脫水」。這是因為出生後小寶寶身體內的水分會有部分喪失，使得小寶寶的體重逐漸減輕，在第四至五天時降到最低點，可減少原來體重的百分之五到十，等到第七至十天大時，慢慢地會回升至出生體重。

由於脫水的關係，皮膚會略顯乾燥且脫皮，但這是正常的，不需要擦乳液，之後就會改善。

Q3 寶寶的臉上為什麼有紅疹？是因為大人偷親嗎？

A 寶寶身上的疹子有很多原因會造成，通常醫師會根據疹子外觀、出現的位置、出現的時間點來判別是何種疹子。有一些是嬰兒本身的問題，有一些外在因素所造成。

❶粟粒疹

這是一種短暫的皮疹，在臉頰及鼻頭上出現一種白色針頭大之突起，一半的嬰兒出生後即出現。發生的原

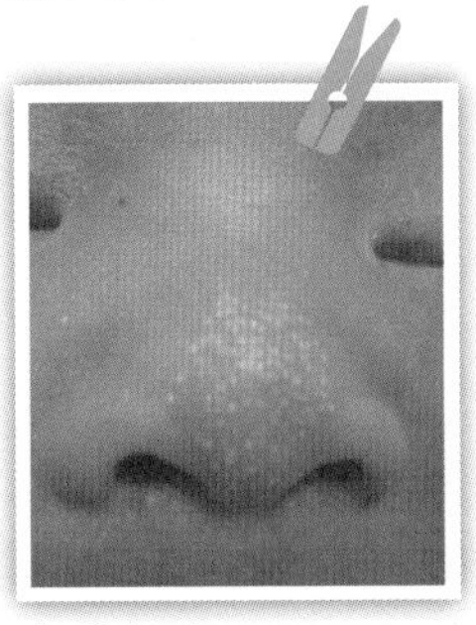
⇧粟粒疹。

因為皮脂腺阻塞的緣故，通常在幾週之內會自行消失，不需理會，不需要擦藥。

❷新生兒毒性紅斑

超過百分之五十的新生兒在出生第二天至第三天之後，全身的皮膚除了手掌和腳掌之外，陸陸續續開始冒出零點二五至零點五公分大大小小的紅色斑塊，中間尚可見到黃白色的丘疹。這種毒性紅斑，雖然外表看起來令人擔心，有時會誤認為是蚊蟲叮咬，但其實是無害，且似乎只發生在健康的足月兒身上。

毒性紅斑發生的原因不明，它會持續一到三週，然後自發性的消失，發生時不需要擦藥。

❸新生兒痤瘡

百分之三十以上的新生兒臉部會有痤瘡，外觀為小顆膿皰樣紅疹，主要分布在鼻子和相鄰部分的臉頰。痤瘡開始於出生後第三至第四週，有時會持續四至六個月大。

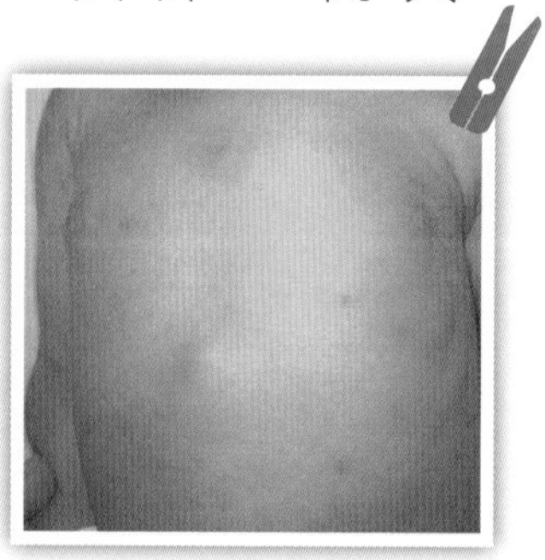
⇧新生兒毒性紅斑。

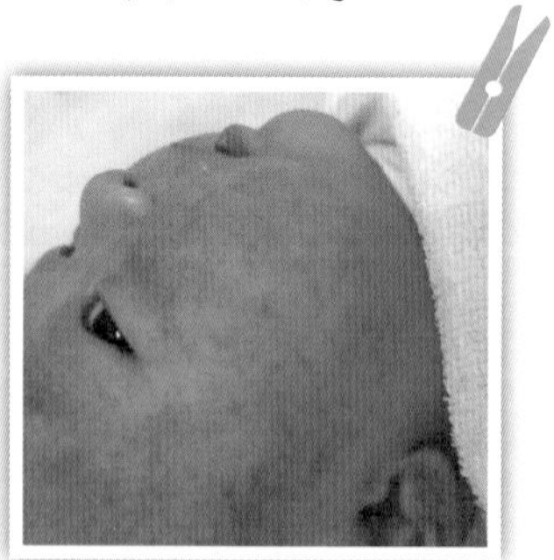
⇧新生兒痤瘡。

痤瘡產生的原因不明，可能與來自母親的荷爾蒙有關。由於新生兒痤瘡是暫時性的，所以不需要治療，使用嬰兒油或藥膏只會使情況惡化。

❹嬰兒脂漏性皮膚炎

常在出生後二週至六個月之間出現，這是種暫時性的現象，是一種不治療也會痊癒的皮膚病，很少會持續兩個月以上；並且在痊癒之後，就不會再發。如有再發，可能是異位性皮膚炎（可依好發部位、外觀來分辨）。造成嬰兒脂漏性皮膚炎的原因，目前仍然不明，也無法預防。

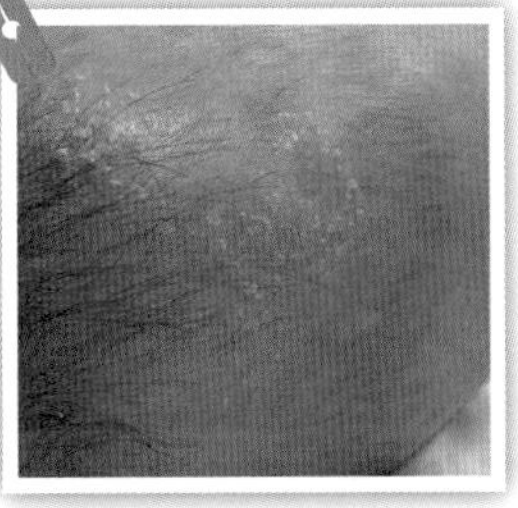

⇧嬰兒脂漏性皮膚炎。

可在頭皮、眉毛、鼻翼上發現有厚厚的黃褐色油性的鱗屑堆積，伴有紅色的扁平皮疹，在耳朵後、頸部、腋下、肚臍邊緣和腹股溝皺摺處也有可能出現，皮疹通常不會癢。

對於紅疹部分，勿用肥皂清洗，只需以清水洗淨即可；頭頂厚厚鱗屑部分，可先用嬰兒油將其潤濕後，再用洗髮精輕輕洗去；嚴重者，可以擦含輕微類固醇的藥膏。（如果不會癢的話，可以不用理會。）

❺異位性皮膚炎

異位性皮膚炎常與脂漏性皮膚炎、接觸性皮膚炎混淆，不過最大的區別是**異位性皮膚炎會反覆的發作，且通常兩個月大後才出現**。

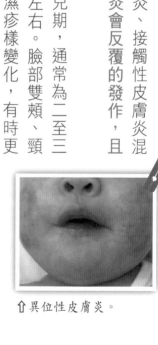

大多數異位性皮膚炎開始於嬰兒期，通常為二至三月大時開始發病，持續約二至三年左右。臉部雙頰、頸部、前額部及頭皮部會出現泛紅，濕疹樣變化，有時更會因發癢搔抓而造成結痂、滲出液、脫皮的狀況。癢的情形以夜間最嚴重。

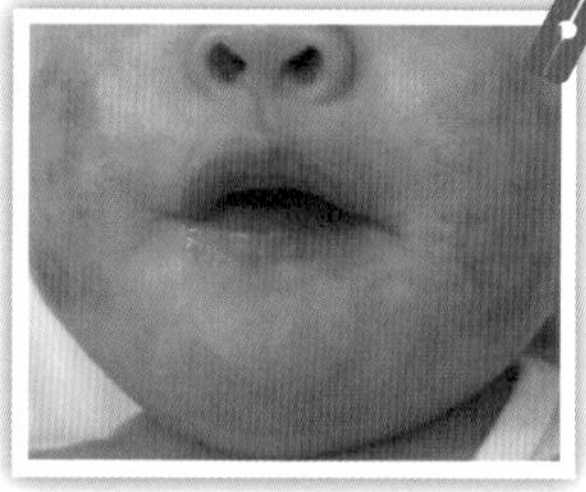

⇧異位性皮膚炎。

這段期間的異位性皮膚炎通常是一個慢性的病程，病情時好時壞，約百分之五十會在一歲半之前痊癒，另外一半的病情則會延續至幼兒期。匍匐爬行後，病變可以擴展至四肢的伸側與手腕。

確實病因未明確，可能與免疫系統有關，且與環境息息相關。研究發現，嬰兒期異位性皮膚炎約有百分之五十與食物過敏有關，**如果嬰兒時期因食物過敏而產生皮膚症狀或腸胃道症狀**（確定的食物過敏，應由食用後數日內皮膚惡化、出現腸胃道症狀，避食後改善，再食後又惡化來確定。除非明確知道會引起過敏的特定食物，否則不必過度限制飲食；現今的觀點是，不要刻意避免特定食物，主要是讓身體產生耐受性，太過小心反而不好，但如果已知對某種食物過敏，才需要禁食該食物），將來就有極高的可能性轉變成為過敏性鼻炎或氣喘病患。另外，常見的惡化因子包括：皮膚乾燥、感染、出汗、壓力大及接觸到刺激物質如塵蟎等。對於病兒的照顧：

＊應避免過度沐浴，少用肥皂及清潔劑（真的要用，可使用異位性皮膚炎專用的清潔劑，如舒特膚等），如此可避免皮膚更加乾燥。

＊在沐浴後立刻適量使用不含藥性、香精、防腐劑的保濕劑（可使用如異位性皮膚炎專用的乳液）。

＊減少與粗糙、過緊、或刺激性衣物接觸，最好穿棉質的衣服，避免羊毛、尼龍等衣料。

＊剪短指甲以減少搔抓帶來的皮膚損害。

＊保持適當的濕度（百分之五十至六十五）和溫度。

＊流汗或直接曝露於寒冷、乾燥的情形下會使病情更加惡化，所以如果流汗應馬上幫寶寶擦掉，或者開空調，以免惡化。

如果在這個階段發現寶寶得了異位性皮膚炎，由於部分的嬰兒肇因於對配方奶中的牛奶蛋白產生過敏，此時可改用水解蛋白配方；若哺餵母奶，則應考慮是否母親的飲食中有會產生過敏的食物，臨床上常見有些媽媽吃了大量鮮奶或堅果後，寶寶會產生過敏的症狀，可特別留心。

異位性皮膚炎的治療包括口服止癢藥物及局部治療。局部治療包括三大類：保濕乳液、止癢藥膏、局部免疫抑制劑（類固醇和非類固醇藥物）。

Q4 寶寶背上長疹子，有的醫師診斷為濕疹，也有的醫師診斷為汗疹，到底是哪個對？

A 濕疹是對一般皮膚炎的俗稱，它可以是異位性皮膚炎、脂漏性皮膚炎、接觸性濕疹（例如口水疹）等。濕疹並不是一個正式的病名，也就是說當皮膚看起來紅、腫、或起紅色小丘疹、水泡、或乾燥發紅、產生鱗屑發炎反應時，在未確認原因前都可以稱做是「濕疹」，若能進一步確認病因，醫師才會告訴妳這是異位性皮膚炎，還是其他原因引起的皮膚炎，不過往往濕疹的原因不明。

汗疹是指一般的痱子，為汗腺出口阻塞所引起的疹子，若剛開始發現，只要降低室內溫度、減少覆蓋衣物、保持乾爽，即可有改善效果，但若不及時處理，寶寶因為癢而去搔抓，造成發炎，形成「濕疹」，可能就要用藥膏處理。

所以寶寶背上的疹子，到底是汗疹，還是進一步惡化為濕疹，其實有時候醫師也不好判定。若不擦藥膏，很快就自己消失，汗疹的機會較大，若一陣子還未消失，則濕疹的機會較大。

Q5 寶寶被蚊子叮咬後，常腫一大包且幾天都不會消，怎麼辦？

A 寶寶被蚊子叮咬後，可能出現厲害的紅腫發炎反應，父母常會擔心是否為蜂窩性組織炎。被蚊蟲叮咬後腫一大包，這是一種免疫反應，通常在同一個環境被同一種類的蚊子反覆叮咬，前幾次紅腫的情況會比較嚴重，但多被叮幾次，人體就會產生耐受度，紅腫的情況會變輕微，所以等小孩大一點雖然還是被咬，但也就不會那麼嚴重。不過當叮咬的蟲子病人從沒碰過，或是病人的體質特殊時，成人也有可能出現如此強烈的反應。

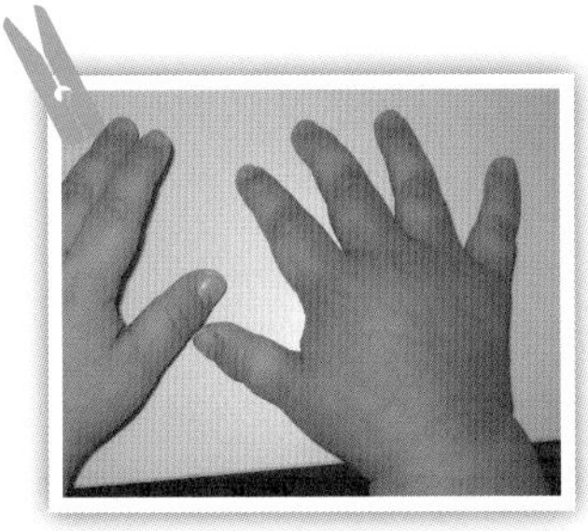

⇧紅腫發炎反應。

類似蜂窩性組織炎般的蟲子叮咬反應會自癒，也可以擦一些抗組織胺或類固醇的藥膏（只要不要在同一個地方連續擦個兩週，不用擔心類固醇的副作用），症狀輕微的可能一天就消了，症狀嚴重的過幾天也會自己消退，但留下一些色素沉澱。

厲害的蚊子叮咬反應大都發生於嬰幼兒，到底是蚊子叮咬反應或是蜂窩組織炎，有時不易分辨。不過蜂窩組織炎會出現自發性疼痛與壓痛且紅腫範圍會逐日擴大，而蟲子叮咬反應大都是癢而不是痛。

如果是蜂窩性組織炎就要擦抗生素的藥膏，嚴重時甚至要吃藥。

Q6 常有人建議使用痱子粉（膏）治療尿布疹，這樣是否恰當？

A 一般人以為撒了痱子粉（膏），看起來乾爽舒服，比較不會有尿布疹，其實那是傳統的錯誤觀念；就醫療的觀點我們認為，當寶寶有尿布疹的時候如果使用痱子粉（膏），不但無法改善尿布疹，反而讓排泄物接觸皮膚更久，對皮膚更刺激，讓尿布疹的情況加劇。

所以出現尿布疹，應該勤換尿布，並在每次換尿布時以清水清洗屁股，之後拿吹風機遠遠的將屁股烤乾（獨門秘方喔！），必要的時候可以請醫師開藥治療。

Q7 尿布疹用了醫師上次開的藥膏，都沒有效，為什麼？

A 念珠菌尿布疹常會伴隨著一般尿布疹一起發生，有時父母會誤以為這是單純的尿布疹，而將以前的藥膏拿來使用，反而愈擦愈糟。當發生念珠菌尿布疹時，必須擦治療黴菌的藥膏才有效。

預防的方式包括勤換尿布，保持臀部皮膚清潔及乾燥等。

發生念珠菌尿布疹時，尿布疹區域的邊緣可看到許多散開、衛星狀的小顆紅色丘疹，與單純尿布疹是一大片紅紅的不同。

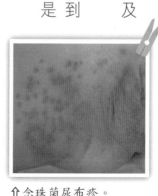

⇧念珠菌尿布疹。

Q8 寶寶的屁股（接近肛門周圍及陰道周圍）一直紅紅的，是否為尿布疹？

A 寶寶的皮膚尤其是肛門口周圍或會陰部附近非常細嫩，因為平常就彼此對稱接觸所以時常紅紅的一圈，其實這個並非尿布疹，不需擦藥，尿布疹的範圍會擴及腹股溝、大腿內側或臀部。

寶寶的過敏問題

「過敏性疾病」會隨著年齡的改變而漸漸出現不同的症狀：

*嬰兒期：過敏兒在嬰兒期容易對食物過敏，常表現皮膚或腸胃道症狀，例如，異位性皮膚炎、濕疹或嘔吐、腹瀉，大約兩歲之後，腸道症狀多會消失。

*幼兒期：三至四歲後，過敏兒開始對空氣過敏，所以過敏性鼻炎和氣喘的問題隨之而來。

嬰兒期由於飲食的種類不多，不是母奶就是配方奶。然而有部分的嬰兒對配方奶中的牛奶蛋白產生過敏，而引起多方面的不舒服。例如，過敏嬰兒常在餵奶後哭鬧不安，腹瀉的程度可以從輕度的腹瀉到嚴重而導致腸黏膜萎縮，造成生長遲緩，有些則會發現糞便帶有血絲黏液。以外觀上來說，過敏嬰兒常在臉頰兩側、皮膚皺摺處長有濕疹，而嬰兒可能因為搔癢而睡不好或拒吃。

對於配方奶裡的牛奶蛋白產生過敏的寶寶，症狀出現的時間平均為三至八週大，最早可於一週大內出現症狀，最晚到了一歲多也可能還有症狀。發生牛奶蛋白過敏時，可能只會在大便中發現黏液和血絲而無皮疹、腹瀉或呼吸道的症狀。診斷主要是靠臨床表現和去除過敏原後症狀改善而得，必要時可做大腸鏡。

⇧牛奶可能引起寶寶過敏。

＊配方奶寶寶：嬰兒可改吃水解蛋白配方奶粉以緩解其症狀。

＊母乳寶寶：媽媽則須限制某些可能引起過敏的食物，如牛奶、零食、蛋白、堅果等，採漸進的方式。症狀通常於去除過敏原後三至四天內改善，有時則需要較久的時間。

目前認為出生後哺育母奶是預防寶寶過敏最好的方法，太早接觸副食品（四個月大以前）會增加過敏的機會，研究顯示，過晚（六個月大以後）添加副食品也有可能會增加過敏的機會，所以添加副食品的時機過猶不及皆不好。

至於有時食用某樣食物後嘴巴周圍有紅色小疹，則可能為接觸性濕疹，可在用餐完畢後以乾淨的紗布將皮膚擦拭乾淨來預防。

寶寶的過敏 Q&A

Q1 怎麼知道寶寶是食物過敏？哪些食物容易引起食物過敏？

A 臨床上，醫師可就「吃就發病」、「停吃症狀會改善」、「再吃又再發病」的典型三部曲，做為確定食物過敏原的依據。

雖然幾乎所有的食物都可能是過敏原，但較常引起過敏的食物包括奶類製品、蛋（尤其是蛋白）、柑橘類水果、芒果、小麥製品、大豆製品（豆腐、豆漿）、豌豆、番茄、奇異果、芹菜、堅果類或花生、巧克力或可可、有殼海鮮和魚等。

⇧易致敏的食物。

Q2 寶寶若食用某種食物會過敏，是否不可以再食用？

A 一旦確定食物過敏的過敏原，最佳的治療方式就是避免食入過敏原。對於已發生症狀的病患，需停止食用此一食物，大多數的腸胃症狀在三天之內就會緩解，但有些則需要數週之久，待症狀消除後，兩週後可再試，如果再試還不行，則建議延至一歲之後再嘗試。若需停止食用的食物種類太多，就必須注意到會不會因此而造成營養不良而影響生長發育。

根據統計，除了花生、堅果、魚或有殼海鮮的過敏易持續終身外，百分之八十五對牛奶蛋白過敏的病童在三歲後不會再對牛奶產生過敏症狀。

Q3 寶寶喜歡揉眼睛，是過敏嗎？

A 因為發育的關係，寶寶眼睛產生過敏性的反應要在六個月大以後才會出現，而揉眼睛有時只是一種入睡的表現，如果揉眼睛常伴隨著眼睛紅腫或有分泌物，就需要找眼科醫師治療。

Q3 寶寶經常黑眼圈是過敏嗎？

A 黑眼圈是由於眼眶周圍的皮膚特別薄，皮下的組織又少，當血液循環不順暢或血管擴張，便會形成眼周暗沉的現象，有些呈現紅色，有些呈現黑紫色，同時眼部周圍會有厚厚的、近似浮腫的感覺，一般成半月環狀圍繞眼部，所以俗稱黑眼圈。

一般而言造成寶寶黑眼圈最常見的原因有：

❶過敏性鼻炎。

❷上呼吸道感染等問題。

❸鼻竇炎。

❹其他因素。如遺傳、色素沉澱、眼皮的皮膚角質化等。

以一歲以內的寶寶來說，由於鼻竇尚未發育完全且也不是過敏性鼻炎好發的年齡，所以遺傳及上呼吸道感染造成黑眼圈的機會較大。

第八章

爸媽的第8個為什麼？

出現這樣的狀況，是生病嗎？

隨著寶寶的成長，爸媽在照顧上可能會出現一些惱人的小狀況，像是腸絞痛、長乳牙及便秘等，只要透過適當的照顧手法，就可以讓寶寶感覺舒適。

寶寶的頭頸問題

寶寶的脖子要等到四個月大以後才會硬，所以在此之前抱寶寶時要特別注意用手支撐寶寶頭頸的力道。

寶寶的頭頂前半部中央和後半部中央各有一個凹陷，摸起來很柔軟，稱做前囟門和後囟門，這是因為頭骨還沒有互相密合所產生的縫隙，前囟門約在七至十九個月大就會關閉，後囟門約在六週大前關閉。

寶寶的頭頸 Q&A

Q1 寶寶的耳後、後頸部明顯摸到許多顆一粒一粒的淋巴腺，有問題嗎？

A 這些耳後、後頸淋巴腺本來就存在，只是嬰幼兒的淋巴腺比大人大，比較容易摸到，淋巴腺的大小在六至九歲達到高峰，正常的淋巴腺大小小於1公分、會動、摸起來有彈性；若大小大於1.5公分，或出現發紅、壓痛、變硬的現象，則可能有發炎或其他病變，需就醫診治。

Q2 寶寶的頭老是歪一邊，怎麼回事？

A 造成斜頸的原因很多，多數是因頸部肌肉硬化（肌性斜頸），少數是骨骼、神經、頸部軟組織發炎（例如淋巴腺腫大）或視力異常造成的。

百分之九十的肌性斜頸症的嬰兒只要經過適度伸展治療後，硬塊通常會在三至六個月後變軟，甚至消失，越早開始治療特別是出生後三個月內效果最好，對於復健效果不好的患童，才考慮手術。

＊發生肌性斜頸時，可用攝氏四十度左右的溫毛巾，為寶寶做局部熱敷，放鬆肌肉，早晚各一次，每次二十分鐘。

＊也可以在手指上塗些嬰兒油，以指尖在寶寶頸部硬塊部位輕輕按摩，一天四次，每次十五分鐘。

另外，姿勢調整也很重要。

＊有大人在旁或寶寶醒著時可以讓寶寶趴著，並讓有頸部硬塊的那側朝上。

＊另外，餵奶時將奶瓶移轉至患側上方，誘導寶寶用此姿勢喝奶。

＊抱寶寶的時候，讓寶寶健康的一側貼近自己，以誘使寶貝往外看。

對周遭環境略作調整，也有利於復健。

＊將寶寶放進嬰兒床時，盡量讓沒有硬塊的那一側靠牆，誘導小孩將臉轉向患側。

＊當小孩滿月後，光線、聲音以及玩具應置放在患側，以吸引小孩注意，使頭轉向患側。

此外，寶寶如果沒有明顯肌性斜頸，但寶寶一直有歪頭現象，就要帶去眼科檢查視力。

Q3 寶寶出生時因使用產鉗導致鎖骨斷裂，是否會有影響？

A 假如上臂軟弱無力，應該懷疑是否同時有臂神經叢或合併肩關節的損傷。

新生兒鎖骨骨折多能自行癒合，不須另加支架或特殊處理，只須將患側手臂及肩膀固定即可。固定的方式可以用安全別針將患側衣袖別於胸前，並且盡量避免移動患側的肩膀和手臂七至十天。多數病嬰在骨折斷端穩定接合後，就會開始自主的活動患臂，這個過程通常需要一至二週。當骨折斷端癒合時，可於局部觸摸到凸起，稱為「骨痂」，這是骨折癒合的過程。新生兒鎖骨自行癒合，需時四至六週。

照顧患童時，穿衣時先穿患側，脫衣時先脫健側；抱時要托著患側，要抱起寶寶時要托著其頸部及下背部，而不是由手臂或腋下抱起；抱時患側朝外避免與抱者前胸壓迫；採平躺姿勢仰臥，勿側向患側；沐浴時，以支撐健側手臂為原則，或以支托板或由他人協助完成寶寶的沐浴或使用浴網；隨時觀察手臂活動力，如手揮動情況或握拳情況，若有異樣即刻就診，否則滿月後追蹤即可。

Q4 寶寶的耳朵很貼，常會有黃垢殘留並流血，有沒有關係？

A 新手父母為寶寶洗澡時常漏掉耳朵與後腦或耳垂與臉交界的地方，以至於黃褐色汙垢堆積在皺褶處，造成皺褶乾裂出血。要避免這種情形發生，只要洗澡時將這個地方洗乾淨就可以了，如果已經發生，可請醫師開藥膏處理。

寶寶的眼睛問題

眼淚汪汪的淚腺阻塞

眼淚是由位於眼窩外上方的淚腺所分泌的，眼淚會先流進淚囊，再通過鼻淚管，流向喉嚨裡面。鼻淚管的出口有一層薄膜，在胎兒期或出生後應該消失，約百分之六的新生兒出生時這層膜還在，造成鼻淚管阻塞，眼淚停留在眼睛裡，導致淚汪汪或眼屎很多的情形，嚴重時尚會造成淚囊的感染或發炎、眼睛腫脹及充血。

寶寶的眼睛 Q&A

Q1 寶寶淚汪汪，每天早上起床眼屎一大堆，怎麼辦？

A 如果眼屎沒有帶有黃色或僅止於早上起床時，最有可能是鼻淚管阻塞。

雖然兩眼都有可能發生鼻淚管阻塞，不過，大多數的情況都是發生在單眼。百分之九十六的患者在一歲之內，阻塞的情形會自然消失，在鼻淚管尚未完全開通之前，父母可以一天二至三次利用指尖在鼻淚管的位置局部按摩，同時用紗布沾溫水將眼屎輕輕拭去。如果發現眼睛有黏稠膿狀分泌物，就要找眼科醫師診治，使用適當的抗生素治療。

至於那些一歲之後鼻淚管仍舊不通的患者，可以使用一種金屬的探針做貫穿鼻淚管的治療，進行時需要局部麻醉，在很短的時間內就可以完成，成功率約為九成，通常只要經過兩至三天，症狀就會消失；但如果沒有消失，可能就需要再進行第二次的治療。

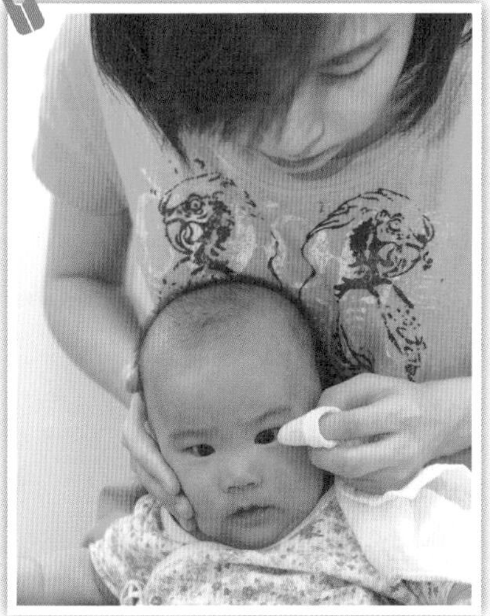

⇧以紗布將眼屎拭去。

Q2 閃光燈對寶寶的視力是不是有影響？

A 嬰兒眼睛內的黃斑部在六個月大後發育才告完成，而黃斑部是位於眼球後部視網膜最中央的一塊小區域，是主宰中心視力最重要的部位，一旦黃斑部發生病變，中心視力隨即受到影響。

當眼睛長時間注視強烈光線，可引起黃斑部病變，嚴重者造成視力損傷，特別是閃光燈的強光，如果距離在1公尺以內，對嬰兒的眼球傷害更大，所以**六個月以前的嬰兒拍照最好用自然光不要用閃光燈**。

至於拍X光當然也會影響寶寶，所以嬰兒的劑量會較小，而且醫生也不會隨便亂開單，要拍一定有它的必要性。

寶寶的口腔問題

會影響食慾的鵝口瘡

通常發生在六個月大以前，肇因於寶寶的免疫系統尚未成熟，導致於在口腔內的念珠菌大量繁殖而造成感染，外觀像奶塊卻不易清除，多的時候會影響寶寶的食慾。

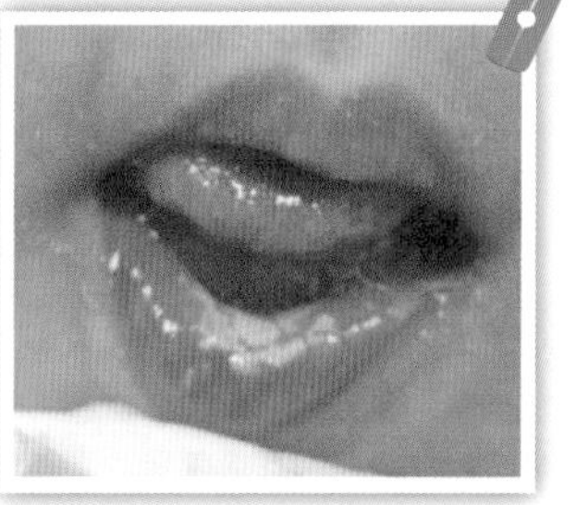
⇧鵝口瘡。

＊醫師會開立抗黴菌的藥水塗抹在患部，約一至二週會好。

＊用奶瓶餵食或有使用奶嘴者，每次使用完畢後皆需用熱水消毒。

＊如果是哺育母乳而乳頭已有紅且疼痛的現象，此時母親也要一起治療，如乳頭擦藥甚至是母親吃藥，因為母親的乳頭也有可能有感染念珠菌。

如果一直反覆的感染或超過九個月大後還有此情形，需就醫進一步評估其他狀況。

寶寶的乳牙

第一顆乳牙大約在六至八個月長出，直到兩歲半至三歲完成二十顆。

其生長順序為：下顎2顆門齒（六至十個月大）⬇上顎4顆門齒（八至十二個月大）⬇下顎2顆側門齒（九至十三個月大）⬇上下顎4顆小臼齒（十二至十八個月大）⬇上下顎4顆犬齒（十六至二十三個月大）⬇上下顎4顆大臼齒（二十三至三十三個月大）。

不過，每個孩子的長牙時間和順序有個別差異，通常女孩的長牙速度比男孩快。如果超過一歲半還未長牙，可帶寶寶去牙科醫師檢查，照X光，確定有無牙胚，只要寶寶有牙胚，慢長牙也沒關係，父母不需過度擔心。

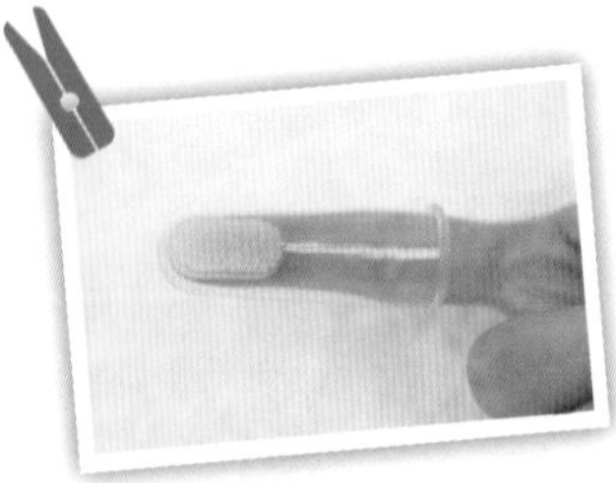

⇧指套。

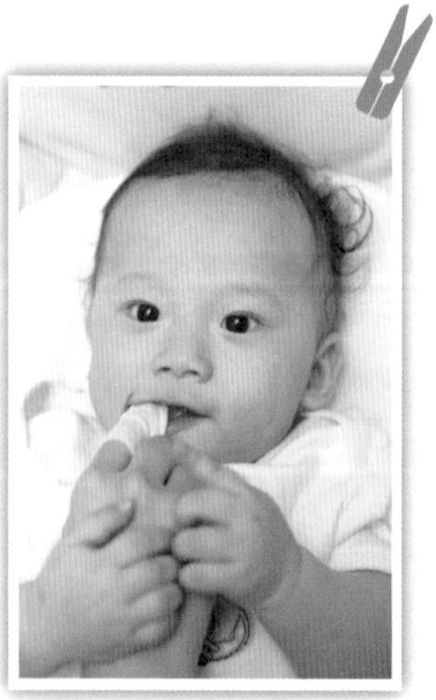

⇧未長牙前即需以紗布清潔。

寶寶的牙齒 Q&A

Q1 寶寶還未長牙，需要做口腔清潔工作嗎？

A 寶寶還未長牙時，父母就應該用乾淨的紗布或指套幫寶寶清潔牙齦、口腔兩側黏膜和舌頭，一方面避免鵝口瘡的產生，同時也先讓寶寶熟悉清潔口腔的動作。

＊長門牙時：可以開始為寶寶潔牙，以乾淨的紗布擦拭牙齒和牙齦，尤其是在餵食後與睡前，必須將口腔的食物殘渣和奶垢擦拭乾淨，切記勿讓寶寶喝奶睡覺。

＊乳臼齒萌發後：就需改用小牙刷來幫寶寶清潔牙齒。

Q2 長牙會發燒、拉肚子嗎？

A 寶寶在長牙時，牙齦會腫脹不舒服，寶寶會亂咬東西減緩不適，因此容易將病菌入肚引起腹瀉。這時寶寶也剛好是六至七個月大以後，開始容易感冒發燒的年齡。很多父母會誤以為長牙就會發燒，事實上只是時間上的湊巧罷了，如果有，也只是微燒而非高燒。

Q3 鄰居的寶寶四個月長牙了，我的寶寶六個月還沒發牙是鈣不夠嗎？

A 開始長牙時間和長完全部乳牙的速度個人差異很大，與鈣並沒有關係，且補充鈣質並不會加快長牙的速度。

乳牙在胎兒時期就開始形成，寶寶出生時，牙胚在牙床內，已經做好長牙的準備。如果超過一歲半寶寶還是沒長牙，可以考慮照X光片，以明確牙床內有無牙胚，如果有牙胚，遲早會長出牙，如果沒有牙胚，就要考慮無牙畸形的問題。

超過一歲仍未長出第一顆乳牙，稱為「乳牙晚出」。「乳牙晚出」常見的原因是患了先天性疾病，如先天性甲狀腺功能不全、骨化不全症候群、維生素

D缺乏、染色體疾病或腦下垂體疾病等。不過，通常這些寶寶除了牙齒之外，還會出現其他臨床現象。所以，如果寶寶發育、發展正常，沒有特別的疾病，即使長牙晚些也不必擔心。

個人的經驗，如果冒牙後不好好清潔口腔，「早長牙，早蛀牙」。

Q4 寶寶長牙時會一直咬乳頭，平時會一直咬人該怎麼辦？

A 餵奶時碰到這種情形，先將寶寶往媽媽胸部攬，讓寶寶的鼻子被乳房稍悶住，寶寶自然就會鬆口，這時先檢查乳頭有無破皮，若有，可擠出一點乳汁塗在傷口上幫助癒合，然後用嚴肅的口氣而且持續的告訴寶寶不可以咬，讓他了解媽媽的感受，可能要反覆好幾次。

有時寶寶長牙時牙齦會腫脹不舒服而喜歡咬東西，所以餵奶前可以用冰的固齒器、冷毛巾來減輕寶寶的不舒服。

⇧固齒器。

寶寶的腸胃問題

健康寶寶也可能有的吐奶、溢奶

新生兒、嬰兒時期由於寶寶的胃容量小，再加上食道和胃交界的括約肌（賁門）尚未發育成熟（胃食道逆流的主因），或者有時父母餵太多、不小心壓到肚子、大哭、排氣打嗝時就容易溢奶或吐奶，前幾個月大的正常健康的寶寶，一天都可能吐個二至三次，未必是因為生病的關係。

如果是生理性造成的溢奶，情況不嚴重，父母可以：

＊在餵奶後不要讓寶寶太快躺下，先維持直立或半直立的姿勢二十至三十分鐘，之後再輕輕放下右側躺。

＊至於少量多餐，配方奶中添加穀類製品（如嬰兒米麥粉）或使用低溢奶配方奶粉（可至藥局選購）也有幫助。

＊必要時可使用一些促進胃排空的藥劑、制酸劑（用在已有食道炎時，需服用一段時間。）

嘔吐易造成寶寶脫水

如果生病時，嘔吐加上發燒或腹瀉，很容易造成寶寶脫水，此時水分補充就很重要，但也不是一次給很多，而是少量多次給予，電解質液是很好的選擇。剛吐完，也不要急著餵食，先觀察狀況，等穩定後再餵。如果沒有腹瀉，配方奶也不用稀釋。

若腹瀉時可沖泡半奶，同樣一匙配方但水量變為兩倍；2/3奶，同樣一匙配方但水量變為一點五倍。一般而言，腹瀉次數越多，先從半奶開始，甚至有時需要改用無乳糖配方。

哭鬧不停的腸絞痛

嬰兒腸絞痛常發生在出生後一至兩個月大的嬰兒，發作的時間有兩個高峰，約是傍晚四時至八時，以及半夜零時前後。

發作時寶寶會哭的很大聲，肚子脹脹鼓鼓的，躁動到幾乎無法安撫，而這些表現可能會持續數小時之久。

還好這個症狀多半在嬰兒三至四個月大後就會逐漸緩解，但仍然有百分之三十的嬰兒會持續到四至五個月大，而百分之一會持續到七至八個月大。

發生嬰兒腸絞痛的原因不明，可能是多重因素造成，如腸道神經發育未健全、餵食不當（有時可能吃太多）、牛奶蛋白過敏、乳糖不耐、噴乳反射太強、寶寶只吃到前奶或母乳媽媽吃了可能導致過敏的食材，而引起陣陣的腸子痙攣。

對於這類寶寶，父母的安撫是最有效的治療方法，立即對嬰兒哭泣做出反應（安撫的方法見P125），會使得嬰兒哭泣次數減少，父母的心態上應做些調整，把它當作是父母的新生訓練。

便便含水量增多的腹瀉

寶寶大便次數增加且糞便的含水量增多時，就可認為是腹瀉了。當嚴重腹瀉時，一定要注意寶寶是否有脫水症狀（如眼淚變少、尿液減少、活動力減低、嘴唇乾裂），同時及時補充水分，最好是電解質液。有時可將配方奶稀釋（方法同半奶的泡法，即同樣一匙配方但水量變為2倍；2/3奶，同樣一匙配方但水量變為1.5倍。一般而言，腹瀉次數越多，先從半奶開始）或改用無乳糖配方，但不可讓嬰兒喝大人的運動飲料。

腹瀉時，寶寶常會有紅臀，最好每次大便後用清水沖洗，之後烘乾屁股，避免使用市售的濕紙巾擦屁股，以免更加惡化。

若要去看醫師，最好連大便也一起帶去，現在父母流行照相，照相不是不好，只是有時醫師無法得知大便的味道有無酸味或惡臭味，所以攜帶大便是最好的方法。

便便解不出來的便秘

任何對便秘的定義，都是相對的，要看排便次數、糞便的硬度及是否在排便時產生困難而定，尤其以後二者為重要。

有兩種情形看起來很像便秘，其實不然，不需要特別處理。

＊母乳寶寶：一個是吃母奶的寶寶，在一至兩個月大後，大便次數變成三至四天才解一次，重點是大便仍是軟的，排便的時間最久甚至可以三週才解一次，但這並非便秘。

＊嬰兒排便困難：另一種情形是有些嬰兒需用力解便，脹紅了臉且尖叫許久才排出軟便或水便，時間可長達十分鐘以上，我們稱之為「嬰兒排便困難」。這種情形發生於六個月大以前的嬰兒，一天可能數次之多，但症狀往往在發生後幾週就會自動緩解。正常排便時，腹壓會增加伴隨著骨盆腔底部肌肉的放鬆。

而造成嬰兒排便困難的原因，目前推測應與此類嬰兒無法協調兩者之間的動作有關。當然，在診斷「嬰兒排便困難」時，必須注意到嬰兒飲食狀況和是否合併神經肌肉異常。

寶寶的腸胃 Q&A

Q1 寶寶溢奶時是否需要就醫？

A 如果溢奶的情形越來越嚴重，影響體重（即生長曲線落後）、每天要換好幾件衣服（因照顧者而異，也就是換到煩）、嘔吐物帶有黃色、綠色、咖啡色，或影響到寶寶的活動力、情緒，就必須帶給醫師做進一步的檢查。

兩至三個月大前寶寶溢奶的原因除了生理性（所謂胃食道逆流）外，最重要的是分辨是否為幽門（胃和小腸交界）狹窄引起的，因為這是需要開刀的疾病。

Q2 喝完奶後溢奶或吐奶是否有需要補餵奶？

A 一般並不需要補餵奶，妳可以先觀察一會兒，視寶寶是否還會餓，若在下次餵奶前，寶寶提早哭再餵就可以了。但要特別提醒，寶寶若一直吐奶或溢奶影響到體重、活動力、食慾，則要帶去就醫。

寶寶的腸絞痛 Q&A

Q1 寶寶很愛哭是不是腸絞痛，如何觀察是腸胃問題引起的哭鬧？

A 不是所有寶寶哭的原因都可以歸因於腸絞痛，腸絞痛發生的年齡和時間都有一定，重要的是要判別哭鬧的原因需不需要送醫（如腸套疊、疝氣），如果安撫會停止哭泣，不會影響睡眠、食慾、活動力，應該不用立即送醫；反之，還是帶給醫師做判斷較好。

腸胃問題引起的哭鬧，尚會有其他腸胃的症狀，如嘔吐、拒食、腹脹、腹瀉或發燒等。

Q2 小嬰兒一直有脹氣的情形，是否腸胃功能較差？

A 嬰兒引起肚子脹氣，最常見的原因是大哭，哭的時候除了大部分的空氣進入肺部外，另有相當部分的空氣經由食道進入胃部，導致「膨風」。

另外常見的原因是由於奶嘴的洞口太大，導致吸奶時合併大量的空氣被吸入，或嬰兒肚子太餓了導致吸奶時非常急躁，引起大量空氣與奶水一起吸入。

新手父母常認為敲擊嬰兒上腹部只要有砰砰作響時，就是有脹氣，需要處理，其實並非如此。每個人只要開始呼吸，腹部即不可避免的存在一些空氣。成人的腹部表皮下面除了有厚厚的脂肪之外還有發展成熟的肌肉，然後才是腹膜。

嬰幼兒的肚皮不比成人的腹壁，只有薄薄的兩層，既沒有脂肪層，其肌肉層亦尚未發展，所以嬰兒的肚子敲擊下來的聲音必然比成人的肚皮叩診聲為大聲，但這並不意味著嬰兒的肚子就是脹氣需要處理。

只要嬰兒飲食、活動力、排泄狀況良好，腹部柔軟就可視為正常，假使腹脹如球，且造成不舒服才可能為脹氣。這種砰砰作響的聲音，大約五至六歲後就會改善。

寶寶的腹瀉 Q&A

Q1 寶寶之前一天大一次便，現在卻一天大三次，是否為腹瀉？

A 次數變多確實要考慮是否為腹瀉，但還是要考慮是否水分變多、有沒有黏液或血絲、有無其他合併症狀如發燒、嘔吐來判定大便次數變多要不要緊，如果都沒有，可以再觀察一至兩天，若情況變嚴重，可先將奶泡稀同時帶給醫師處理。

Q2 寶寶已經腹瀉一週，大便檢查也正常，到底是什麼原因？

A 在門診兒科醫師常會被問到類似問題，其實有時原因不見得一下子就找的到，但醫師比較在意的是要先了解目前腸胃受損的情形，因為此舉與接下來的治療有關。

＊如果進食之後才拉，不吃就不拉，或大便出現酸味、米湯狀：腸胃受損的部位應在小腸，最常見的原因為輪狀病毒或腺病毒感染。

治療的原則：應將配方奶泡稀或選用無乳糖的配方奶，給予稀飯等清淡飲食（四個月大以前的嬰兒可將配方奶泡稀或選用無乳糖配方）。

*若不管吃不吃照拉，大便出現黏液、血絲：腸胃受損的部位應已侵犯大腸，可以預見此一病程應該拖得較長，而沙門氏菌腸炎是最常見的細菌性腸炎。

治療的重點：盡快將病菌排出（此時兒科醫師反而希望病童多拉一些），但還是必須注意寶寶有無毒性症狀（如高燒不退、腹脹如鼓、活動力降低），原則上還是以清淡飲食為主。

大便檢查正常不代表腸子沒有發炎，這是每個家長必須了解的事情，觀察小朋友的活動力、有沒有脫水的症狀才是最重要的事情，有些腸胃炎後會產生「腸炎癒後腹瀉症候群」，大便會糊好一陣子，此時尚且要注意寶寶的體重是否能持續增加（可檢視成長曲線）。

寶寶的便秘Q&A

Q1 寶寶便秘時，是不是要將配奶泡濃一點？

A 寶寶便秘時，先檢查是否有肛裂，如果有，可用溫水坐浴十分鐘或泡澡來幫助傷口復原；千萬不要將奶粉泡濃以免腎臟受損。

如果已經滿四個月，可嘗試稀釋的果汁或蘋果以外的蔬果泥，配合以薄荷油以順時鐘方向輕輕按摩肚臍周圍來促進腸蠕動。

感覺寶寶大便很吃力時，可以凡士林潤滑的肛溫劑刺激肛門（約進入2公分），如果嚴重到解血便或有嚴重腹脹嘔吐、影響體重，應該就醫檢查有無先天性巨結腸症或腸道神經發育不全等潛在疾病。

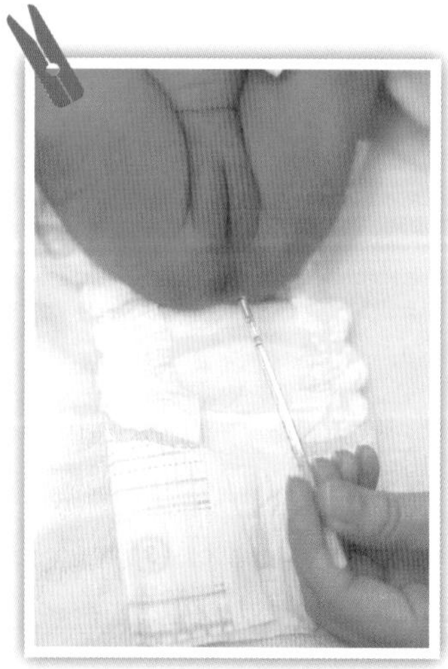

⇧以肛溫計刺激排便。

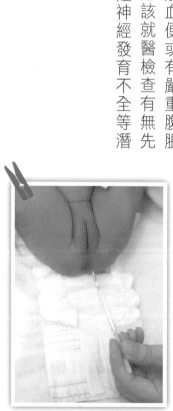

Q2 寶寶便便非常硬且大條，常便很久都便不出來怎麼辦？

A 如果上述的飲食處理都無法改善，就需就醫，醫師會先開軟便的藥物以改善長期便秘的問題，嚴重便秘的寶寶，還是要檢查有無先天性巨結腸症或腸道神經發育不全等潛在疾病。

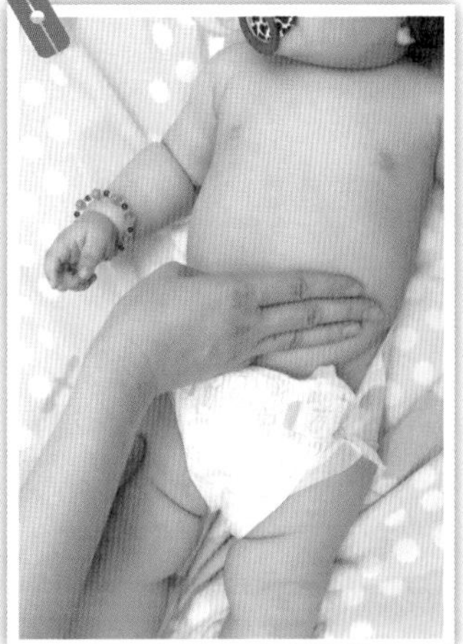

⇧腹部按摩。

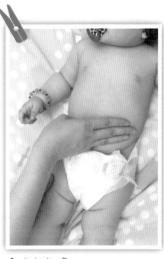

寶寶的肚臍問題

新生兒的臍帶消毒

在臍帶未脫落之前，每次洗完澡都要做臍帶護理，保持臍帶的乾燥。先用棉花棒沾百分之七十五的酒精，從臍帶根部向臍帶做環狀消毒，不要反覆來回擦拭以減少感染，接著再拿另一支棉花棒沾百分之九十五的酒精，擦拭臍帶及根部，最後蓋上一層紗布，再穿上紙尿布即可，但注意紙尿布不要蓋住肚臍。

寶寶的肚臍 Q&A

Q1 寶寶的臍帶若遲遲未掉怎麼處理？

A 一般臍帶在十至十四天脫落，但是有些嬰兒會延至三週才脫落。若是超過四週仍未脫落，則須帶給小兒科醫師診斷看有無白血球附著缺陷的疾病。另外，常見的是臍帶脫落後持續分泌物出現，除了持續臍帶護理外，須檢查臍帶根部有無息肉（肉芽腫）或是廔管存在。若是息肉可用硝酸銀燒灼，而廔管只能靠外科的幫助了。

Q2 寶寶的肚臍怎麼愈來愈突出，是剪臍帶時沒剪好嗎？

A 肚臍出生時正常，但越接近滿月，在寶寶哭聲愈來愈宏亮或用力時肚臍越來越向外膨出，這就是臍疝氣。發生的原因是因為肚臍附近的腹部韌帶還沒有癒合，使得腸內的小腸或網膜突出於臍帶內，這是先天的，與剪臍帶無關。

父母用手指可以摸出腹壁缺損的大小，若缺損直徑小於0.5公分，則大部分會於兩歲以前自行癒合；若介於0.5至1.5公分，則大多於四歲以前自行癒合。

如果在兩歲時，缺損還超過1.5公分或發生箝閉性疝氣的症狀（如腹痛、嘔吐、肚臍皮膚顏色改變）時，才考慮開刀進行修補。民間習俗用錢幣壓住臍疝氣是沒有治療效果的。

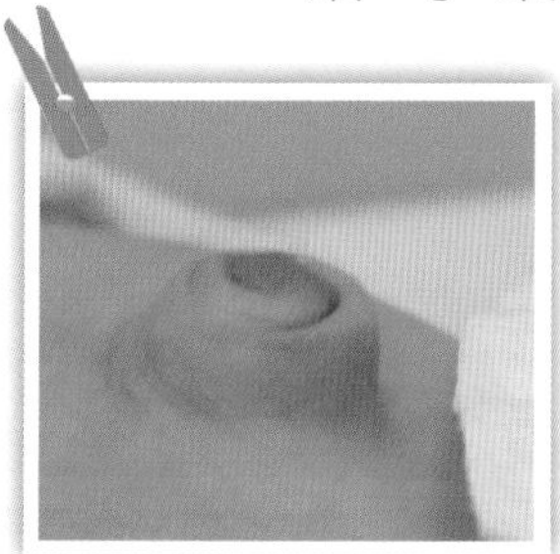

⇧臍疝氣。

Q3 寶寶的肚臍本來已經乾掉，後來又變濕，是否發炎？

A 常見的是臍帶脫落後持續分泌物出現，除了持續臍帶護理外，須檢查臍帶根部有無息肉或是廔管存在。若是息肉可用硝酸銀燒灼，而廔管只能靠外科的幫助。如果肚臍發炎時，**除了肚臍變濕外，最重要的是可看到肚臍變紅變腫。**

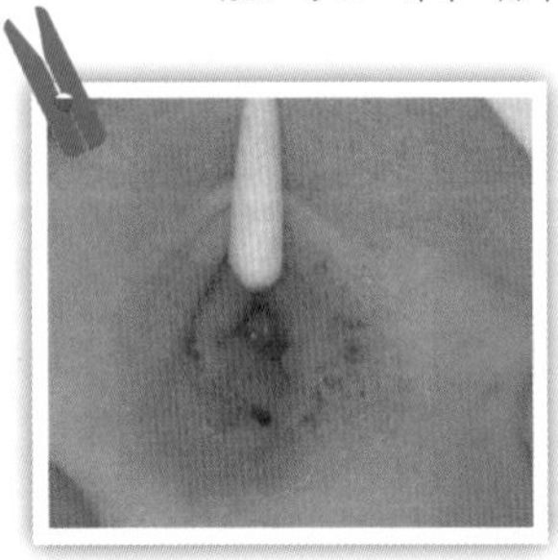

⇧肚臍息肉。

第九章

爸媽的第9個為什麼？

寶寶生病了，該怎麼照顧？

寶寶生病了，爸媽總是很緊張，尤其是半夜發燒，更是讓爸媽焦急，其實生病也是讓寶寶的身體產生抗體的好時機呢！

呼吸道的問題

嬰兒的呼吸頻率

新生兒的呼吸為時快時慢，週期性的腹式呼吸，醒著時會較快、睡著時會較慢，每分鐘約三十至六十次。出生之後的幾個月，在睡眠當中可能會發生數次的呼吸暫停（五至十秒），接著快速呼吸（十至十五秒），然後自動恢復正常呼吸速率的情況。

這種週期性呼吸是屬於正常的呼吸模式，極少會造成寶寶心跳速率、皮膚顏色、肌肉張力的改變，但如果出現呼吸暫停超過十五秒以上甚至不到十五秒即有心跳緩慢、發紺、肌肉張力減低等現象發生，就應該尋求醫師的協助。

爸媽最緊張的寶寶發燒

當中心體溫超過38℃時稱為發燒，而耳溫與肛溫是最接近人體中心的溫度。三個月以下的嬰兒建議量肛溫或背溫。

三個月以下的嬰兒，因為免疫系統尚未成熟，萬一受到感染，典型的臨床症狀往往不明顯，反而多以一些非特異的症狀表現（如發燒），而且病程變化很快（有時以小時計），所以三個月以下的嬰兒發燒時，即使在半夜，一定要先帶給兒科醫師診治。

有時寶寶體溫高，為了排除外在環境的因素如運動、長時間陽光照射、穿太多等，可以先減少覆蓋衣物、休息三十分鐘之後再量，如果會下降不再上升，則是環境所造成；反之，則有可能生病了。

對於發燒的寶寶，開始發燒時要注意保暖，體溫升高時則要開始散熱，讓他穿薄一點且吸汗的衣服，老一輩的人說：「要讓寶寶出汗才能退燒」的觀念是錯的，這種做法反而會消耗寶寶的體力，讓他更難對付病菌。

除了按照醫師的指示使用適當的使用退燒藥外，對於發炎性疾病引起的發燒，不應使用冰枕和散熱貼片。

幼童容易得到的中耳炎

中耳炎指的是中耳腔的發炎。中耳腔的前壁有耳咽管，一端開口於中耳腔，另一端則開口於鼻咽部。

嬰幼兒耳咽管的開口附近有較多的淋巴組織，當上呼吸道發炎時，淋巴組織腫脹阻塞了開口，造成中耳腔的分泌物無法排出，再加上耳咽管較成人短、直、走向較水平且屬於開放性，使得咽喉的細菌容易逆行至中耳腔造成發炎，這些不利的環境，使得六歲以下的幼童往往在得到上呼吸道感染後容易併發中耳炎。

六個月大以前，因為受母親來的抗體保護，寶寶較少生病，也就較少發生中耳炎，根據研究，餵母奶可以降低發生中耳炎的機率，而吃奶嘴則會增加發生中耳炎的機會。

寶寶的呼吸道健康 Q&A

Q1 每次看寶寶呼吸都覺得他好喘，會不會是氣喘？

A 新生兒的呼吸頻率與成人不同，每分鐘約為三十至三十六次，且嬰兒的鼻腔、喉嚨和氣管軟骨尚未發育成熟，睡覺或喝奶時有時會有鼻塞的聲音，讓父母感覺寶寶很喘，但如果寶寶活動力、食慾正常，其實這些都是屬於正常的生理變化，不是氣喘。

Q2 寶寶剛返家後，偶爾會打噴嚏，是感冒了嗎？

A 寶寶出生之後會有許多原始反射動作，而這些反射動作會在之後的幾個月內逐漸消失，噴嚏反射就是其中之一。

前幾個月大寶寶的鼻子受到任何刺激就會自動打噴嚏，甚至連開個燈也會，並不是因為他們生病或感冒。

Q3 寶寶感冒到底要不要看醫生？

A 大人感冒常常自己到藥局買成藥吃或撐個一週就好了，所以許多父母認為寶寶感冒也應該不用看醫師，只要讓寶寶多喝水，多休息就好了。

其實若寶寶真的得到的是感冒還好，若不是呢？小兒科疾病與大人不一樣，種類特殊且病情變化快速，父母認為的咳嗽可能已經是肺炎、氣喘，而發燒可能是泌尿道感染、川崎氏症等，所以**越小的寶寶感冒越要看醫師，不是為了吃藥而是請醫師判斷病因**。

Q4 寶寶吃益生菌才能預防感冒及過敏嗎？

A 雖然近十年來，益生菌的研究、討論及應用沸沸揚揚，廣告不斷吹噓益生菌的功用，但目前並沒有大型臨床研究證明吃益生菌可以預防感冒和過敏。

Q5 寶寶一咳嗽就吐奶怎麼辦？

A 咳嗽時需要使用到腹部的力氣，若寶寶剛喝完奶，一咳嗽，腹部一用力，胃經由擠壓就容易將胃的奶奶吐出來，但咳嗽的原因往往是因為氣管有痰，所以如果能在餵奶前一小時拍痰，讓寶寶的痰少一點或先咳，餵奶時就不容易發生咳嗽的問題，也就不會吐奶了。

Q6 新生兒一直要人抱著直立睡，且不肯喝奶，是不是生病？

A 新生兒（一個月大以前）是否需要就醫，可從：

＊體溫（是否發燒？）、

＊活動力（是否軟趴趴，沒有肌肉張力？尤其是醒著的時候）、

＊食慾（吸吮的力氣強不強？）、

＊尿量（一天有沒有超過六片尿布？）等方面評估。

寶寶的發燒／鼻塞（涕）／咳嗽 Q&A

Q1 寶寶若發燒太久會不會把腦袋燒壞？

A 許多人受到小時候看電視的影響，認為高燒不退幾天，之後就不會走路和變成「阿達」，其實這是不對的觀念。事實上除非是腦炎、腦膜炎等直接影響腦部的疾病，41℃以下的發燒並不會對病人腦部直接造成傷害。而腦炎、腦膜炎的症狀除了發燒之外，尚有痙攣、嗜睡等，也就是說發燒是結果，會影響腦部的是發燒背後的腦部嚴重感染症。

Q2 發燒時為什麼會手腳冰冷、畏寒？

A 腦部有個體溫調節中樞，負責設定一個體溫定位點，不生病時體溫都設定在37℃左右。當身體出現發炎反應時，會使得體溫定位點上升，腦部所認定的正常溫度這時會超過38℃，所以如果當時體溫並未達到設定的目標，病人就會覺得冷（畏寒），而且不由自主地出現肌肉顫抖以產生熱量，並讓四肢血管收縮以減少熱量喪失，所以會出現手腳冰冷的現象。

寶寶在發抖時，父母可以加衣物保暖，但十幾分鐘後，當體溫真正高起來時，反而要減少衣物，增加散熱。

Q3 發燒時要急著吃退燒藥退燒嗎？

A 很多研究顯示，適度發燒可以提升免疫系統的效能，算是一種保護性的本能反應，目的在加強我們對疾病的抵抗力，所以如果體溫並未太高（即未超過39℃）也沒有引起特別不舒服的時候，並不需要積極的退燒。

許多的退燒藥主要是用來減緩寶寶的不舒服，不一定能完全退燒（因為引起發燒的原因還在），所以當病人燒到40℃，雖然用了退燒藥後體溫降到39℃就降不下去了，但若病人此時已比較舒服，不需急著再降溫。

有幾種情形，專家建議超過38℃就可以考慮退燒：

＊過去曾經有熱性痙攣或癲癇患者。

＊慢性貧血。

＊併發心臟衰竭之心臟病或發紺性心臟病。

*糖尿病或其他代謝異常。

*慢性肺病、成人型呼吸窘迫症候群。

*其它因為發燒而有不適症狀。

Q4 寶寶用了退燒藥後沒多久又燒起來，是否藥沒有效？

A 退燒藥的藥效只能持續幾個小時，事實上，只要發燒的原因還在，病程還未結束，退燒以後又燒起來是很常見的事情。

常見的呼吸道和腸胃道病毒感染大多沒有特效藥，大部分都會斷斷續續燒個二至三天，有些病毒性化膿性扁桃腺炎甚至會燒個五至七天。

觀察退燒之後的活動力、食慾、睡眠狀態比斤斤計較寶寶燒到幾度重要多了。如果持續高燒不退或退燒下來活動力不好，就要持續就醫尋找有無其他特殊原因或併發症。

Q5 寶寶無緣無故的發燒，沒有其他症狀，怎麼回事？

A 對於發燒的寶寶，找出原因比單純退燒更重要。

有時在感冒的第一天，咳嗽、流鼻水的症狀會不明顯，此時可能僅有發燒，帶給醫師檢查僅有喉嚨發炎，但若兩至三天後，發燒仍然持續又沒有明顯的其他症狀，就要考慮其他的原因了。

對於一歲以下發燒但沒有其他上呼吸道症狀（咳嗽、流鼻水）的寶寶，兒科醫師會驗尿來排除泌尿道感染的可能性，如果檢查結果正常，發燒的原因以玫瑰疹的機會最大。

玫瑰疹是一種病毒感染。超過百分之九十五以上的玫瑰疹發生在三歲以下的嬰幼兒，以六個月大至十五個月大的嬰幼兒最常見。傳染途徑可能來自於健康大人帶有病毒的唾液進入嬰幼兒的口腔、鼻腔及結膜黏膜（即飛沫傳染）。潛伏期約五至十五天。得到玫瑰疹的病童極少會再傳染給下一位孩童，一般為終身免疫。

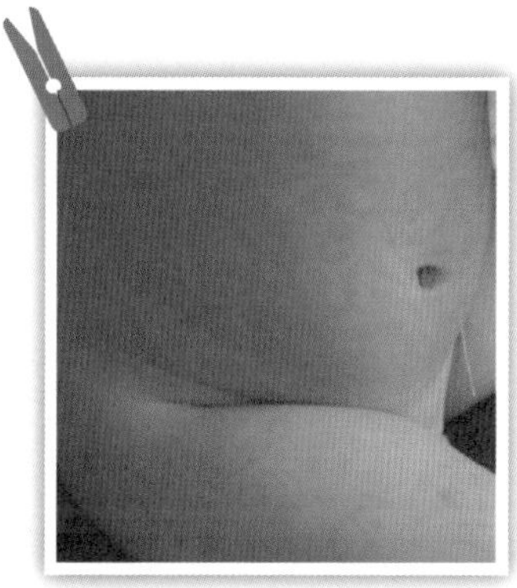

⇧玫瑰疹。

玫瑰疹初期的症狀包括：極輕微的流鼻水和眼結膜發紅，輕微的頸部、耳後和枕部的淋巴腺腫大，有些孩童的眼睛周圍可能水腫。接著突發性的高燒

（37.9至40℃，平均為39℃），雖然有些病童會顯得焦躁不安和食慾不振，但大多數病童活動力還是顯得正常。約有百分之五至十的孩童在發燒時會發生痙攣。高燒會持續三至五天，當高燒退時同時開始出疹，偶爾體溫在出疹後一天才恢復正常，或體溫正常一天後才出疹。

發疹期持續一至三天，首先在軀幹出現一顆顆小小的玫瑰樣粉紅色丘疹（0.2至0.5公分），接著蔓延至頸部、臉及四肢，有些丘疹會融合成較大的紅斑，疹子並不會發癢。當疹子消退時，無色素沉著或脫皮現象。

玫瑰疹絕大多數屬於良性病程，不需特別治療，但需注意水分的補充。對於因為發燒引起不適的病童，可以給予適當的退燒藥。

Q6 寶寶發燒了，而且手腳抖動，是不是抽筋了？

A 手腳抖動不見得是抽筋，最好的分辨方法就是看寶寶的意識狀態，如果意識清楚、眼睛沒有上吊、牙關沒有緊閉、也會哭鬧發出聲音、四肢也沒有僵硬，很可能只是發燒伴隨著寒顫。相反的，即有可能熱性痙攣。

熱性痙攣是指患者體溫突然升高38℃以上而併發之痙攣，但不包括中樞神經的感染或代謝的異常。熱性痙攣好發於六個月到五歲的嬰幼兒，常與急性中耳炎、玫瑰疹等有關。熱性痙攣之家族遺傳傾向很大。

熱性痙攣分為單純性或複雜性熱性痙攣。前者是指發作時主要以全身對稱性發作，而且發作時間最多持續十五分鐘，二十四小時之內只發作一次。反之，則屬於複雜性熱性痙攣。約有百分之二至五的健康嬰幼兒曾經經歷過一次以上的單純性熱性痙攣。

當痙攣發作時，最佳的處理方式是先將病童側躺讓口水能順利流出來，此舉可避免呼吸道阻塞，病童正在抽搐時，嘴巴與牙齒通常會咬得很緊，這時不要嘗試用任何方法將緊閉的牙關撬開。需要做的事是在旁靜待小孩抽搐停止，如果是第一次發作，之後應該送醫，以排除其他可能性。

Q7 嬰兒鼻塞時該怎麼處理？

A 嬰兒因為鼻道狹窄、鼻腔、喉軟骨和氣管尚未發育成熟容易塌陷、鼻咽部淋巴組織較肥大，再加上鼻腔黏膜特別敏感，以至於當氣溫變化或在接觸到空氣中的灰塵時，就會產生很多的分泌物，而引起鼻塞。

睡眠中或喝奶時常會發出呼嚕呼嚕的鼻塞聲，這在三個月以下嬰兒是非常常見而且正常的。

＊輕微：如果不影響吸奶及睡眠，不需特別處理，有時改變睡姿，頭部保持較高的姿勢，聲音就可能會減少。一般四到五個月大時，情況就會改善。

＊嚴重：對於嚴重鼻塞的嬰兒，我們可以拿手電筒檢查寶寶的鼻腔是否有鼻屎，如果有，可滴幾滴生理食鹽水或溫水於鼻腔內軟化鼻屎，再用棉棒或橡皮吸球將鼻屎移除。

如果寶寶不合作，可以在浴室裡放熱水，利用瀰漫的水蒸氣，或是利用媽媽美容用的蒸臉器噴出來的蒸氣，吸個三至五分鐘，再清除鼻涕。

Q8 感冒鼻涕很多，需不需要用吸鼻器把鼻涕吸出來？

A 感冒時需不需要吸鼻涕，在醫學上尚有爭議，因為單純的吸鼻涕並不會縮短感冒的病程，只是大家普遍認同不管是把鼻涕吸出來或擤出來，寶寶都會比較舒服，食慾和睡眠都會改善。個人的臨床經驗認為，不擤鼻涕的寶寶得到鼻竇炎或中耳炎的機會較高。

Q9 感冒有痰音或是黃鼻涕就一定要吃抗生素嗎？

A 當感冒病毒侵犯到氣管、支氣管或肺部時，會刺激呼吸道黏膜產生分泌物，也就是痰。

若侵犯到鼻腔黏膜，鼻黏膜初期會分泌水水的分泌物，也就是鼻涕，三至五天後，鼻涕會變得濃稠，偶爾會呈現黃色，若用力擤鼻涕造成黏膜進一步受損，或將鼻腔內的鼻涕倒吸到鼻竇內，就有可能造成繼發性的細菌感染，鼻涕更加黏稠，甚至黃綠色，形成急性鼻竇炎。

由此可知，咳嗽有痰或黃鼻涕不見得就是細菌感染，所以不一定要吃抗生素。抗生素是用來殺細菌的，對於病毒感染一點都沒效，單純的感冒如果沒有合併併發症如急性中耳炎、急性鼻竇炎、細菌性肺炎，醫師是不會開抗生素的，如果發現寶寶服用的藥物當中含有抗生素，可以詢問醫師開藥的原因。

Q10 寶寶咳嗽咳太久會不會變肺炎？

A 咳嗽是一種正常的人體呼吸道反射性保護機制，當異物、呼吸道分泌物

（痰）或刺激性氣體刺激呼吸道黏膜，就會產生咳嗽。

當呼吸道分泌物越多，咳嗽就會更厲害，而呼吸道的分泌物來自呼吸道的發炎後的產物，若此時呼吸道的發炎越來越嚴重，連肺部的肺泡都發炎了，就稱為肺炎。

所以不是咳嗽造成肺炎，而是肺炎有咳嗽的症狀。所以若寶寶感冒有積痰的現象時應協助將痰排出。

Q11 寶寶因為咳嗽而帶去看醫生，醫生診斷為急性氣管炎，回家後看藥單，為什麼只有化痰藥、支氣管擴張劑，而沒有止咳藥？

A 氣管炎咳嗽的原因是因為痰的刺激，所以只要痰在，咳嗽就不會停止，大人止咳藥的藥理作用為抑制咳嗽的反射動作，讓咳嗽反應變慢。

嬰幼兒咳痰能力差，若用大人的止咳藥抑制咳嗽，痰反而更不容易排出，越積越多，造成危險，所以兒科醫師對於此類的寶寶處理通常是使用化痰藥，將痰稀釋，使用氣管擴張劑再配合拍痰讓痰容易咳出。

Q12 寶寶感冒一週了，半夜經常出現咻咻的聲音，是氣喘嗎？

A 這個時期出現咳嗽合併咻咻喘鳴的聲音，雖然是氣喘的症狀，但不見得真的是氣喘，最常見的原因是得到了急性細支氣管炎，據統計百分之六十發生嬰兒喘鳴的兒童，到了學齡前症狀都會消失。

細支氣管炎是一種常見的下呼吸道疾病，導因於小氣道受到感染後造成發炎、黏膜水腫、分泌物增加因而阻塞。患者大多是兩歲以內的幼兒，冬天及初春是流行季節。

細支氣管炎主要是經由飛沫傳染，多半是經由有感冒的家人傳染給小孩，但也有可能是病童間接接觸到帶有病原的眼、鼻、口分泌物而受到感染。

細支氣管炎最初的症狀有點像感冒（流鼻水、發燒、打噴嚏），兩至三天後，痰音變多、咳嗽加劇、呼吸淺快、急促、食慾變差、睡不安穩。

嚴重時病童會出現咻咻的喘鳴聲，有胸骨下或肋骨下凹陷、鼻翼搧動及發紺，若不及時處理甚至會導致病童呼吸衰竭。呼吸道的症狀約需一至二週才會完全恢復。約有一半的病童尚會合併輕微的腹瀉（大便較稀，但次數一天小於五次）。

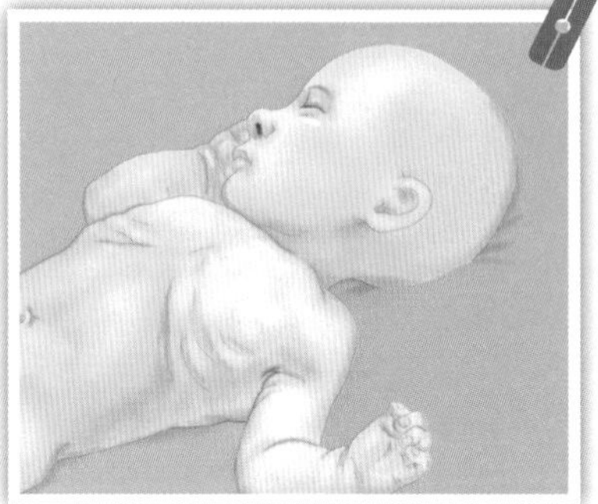

⇧肋骨間及肋骨下方與腹部交接處的皮膚隨著呼吸出現凹陷起伏現象，一根根肋骨變成看得很明顯。

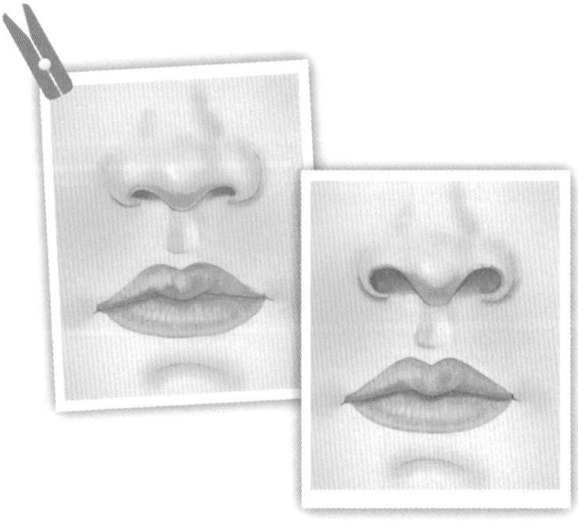

⇧吸氣時鼻孔張大，呼氣時鼻孔回縮。

Q13 寶寶得了急性細支氣管炎，怎麼照顧？

A 目前細支氣管炎的治療並無特效藥，醫師的給藥也是以症狀治療為主（但非止咳藥）。由於產生咳嗽及喘鳴的主因是因為小氣道的痰多而造成阻塞，所以為病童拍痰顯得格外重要。

大多數病童食慾不佳及呼吸淺快，因此儘量採清淡、溫和的飲食，同時須注意水分的補充。吃藥沒改善的病童需要住院治療，讓病童睡氧氣帳，緩解呼吸窘迫的現象。

若病童出現高燒不退、呼吸費力及急促、嘴唇及指甲床發紫、無法入睡、活動力降低或缺氧發紺的情形，應立即回院就診。

醫師會根據病童的症狀給予適當的藥物（如支氣管擴張劑、祛痰藥等），除此之外，因為幼童的咳痰能力差，胸腔物理治療（拍痰）可以讓病童有效的排出胸部的痰液，改善呼吸狀況以避免其他併發症（如肺炎）。

Q14 什麼時候該拍痰，怎麼拍？

A 拍痰的目的在於利用手的扣擊產生空氣震動，使得附著在支氣管壁的痰液能因震動及姿勢引流而離開氣管管壁。

❶讓病童趴在大人的大腿或床上，肚子下面墊一個枕頭，使得病童上半身向下傾斜（頭低屁股高），（如果嬰兒哭得很慘，為了寶寶好，父母還是需堅持，不可一時心軟，邊哭邊拍是可以接受的，但須注意寶寶的唇色，如有發紺應立即停止）。

❷大人手彎成杯狀，在病童背部脊椎兩側、肺部的位置由下而上、由旁往中間的方向扣擊，每側扣擊五分鐘，一天最少四次（若不太熟悉技巧可使用拍痰器）。

❸執行拍痰的時間，應避免在進食前後一小時內以免影響食慾或造成嘔吐。

拍痰後，離開氣管管壁的痰液不見得會從嘴巴咳出來，有些痰會從鼻腔流出或直接吞進胃腸道裏。

⇧拍痰。

Q15 寶寶一直打噴嚏，是否感冒了？

A 「哈啾」的原因不外乎過敏或感冒。過敏引起的哈啾與特定的季節、早晚氣溫的變化有關，通常太陽出來、身體暖和了就會停止哈啾，而感冒引起的哈啾則是整天都有症狀。不過以一歲以內的寶寶而言，過敏的機會較少，還是以感冒造成的「哈啾」較常見。

Q16 覺得寶寶有痰，吃藥吃了一段時間仍未見改善，該怎麼辦？

A 平常呼吸所帶進來的空氣雜質合併氣管內正常的分泌物，經由氣管內的纖毛細胞推往外面就成為我們一般所謂的痰。因為嬰兒尚不會有吐痰的動作，這些痰及一些唾液便留在會厭處（食道與氣管交接處），讓父母覺得常常喉部有痰的感覺。加上新生兒的會厭區正位於舌根處，位置較大人的高，因此喝完奶後牛奶殘渣容易留在該處，導致這種喉嚨有痰的情況在喝奶之後特別明顯。

如果嬰兒外表看起來好好的，就只有喉嚨有痰而沒有其他咳嗽流鼻水的症狀，就聽其自然吧！因為不是感冒所引起的，吃藥打針當然都沒效。若有合併發燒或咳嗽，才需要帶給醫師看。

Q17 寶寶吃蛋會過敏，是否可以施打流感疫苗？

A 雞蛋過敏大部分開始於年齡六個月大以後，發生率約為百分之零點五至二點五，對雞蛋過敏的兒童，十八歲以前有百分之八十至九十五都會發展出耐受性。雞蛋過敏的反應大多發生於接觸後三十分鐘內，最常見的症狀是皮膚出疹與搔癢。

隨著技術進步，流感疫苗所含的雞蛋蛋白越來越少，引起過敏性休克的機率極微。流感疫苗的絕對接種禁忌是對雞蛋蛋白有嚴重、全身性或致命性過敏的寶寶。

所以若吃了蛋會輕微過敏的寶寶，可以採取兩階段式打法，先打1／10，30分鐘後，再打9／10；也可以先做皮膚測試。打完疫苗需觀察一小時才可以離去。

寶寶中耳炎 Q&A

Q1 寶寶得到中耳炎，是不是洗澡水跑進去了？

A 耳的構造可分為外耳、中耳和內耳。外耳與中耳的界線為耳膜（鼓膜）。洗澡水進去的是外耳道，被耳膜擋住了，不會進入中耳腔。寶寶得到中耳炎多為感冒的併發症，非洗澡水跑進去。

Q2 寶寶一直抓耳朵，是不是中耳炎？

A 急性中耳炎常見症狀為耳痛、發燒和全身倦怠。較大病童可能會抱怨耳痛、耳脹、耳鳴等不適感。尚無語言表達能力的幼童，可能僅以尖叫、煩躁不安和不明原因發燒的表現為主。其他非特異的症狀尚包括嘔吐、腹瀉等。

在診斷上，醫師會以耳鏡來檢查耳膜是否有充血紅腫，或是有積膿的現象。如果寶寶沒有明顯的不適，絕大部分嬰兒抓耳朵的原因是局部皮膚發炎的關係。

Q3 寶寶得了中耳炎，是不是退燒了就不須吃藥？

A 由於急性中耳炎的致病原絕大多數為細菌，所以醫師會開抗生素（可與益生菌併服）來對抗細菌的感染，標準的療程為十至十四天。若治療三天後，主要症狀（耳痛、發燒）仍存在，則須考慮提高劑量或換藥治療，反之，如果是有效的治療，發燒一般在給藥後四十八小時候就會停止，但退燒不代表中耳炎就好了，病童仍需要繼續服用藥物，完成一個療程。

Q4 中耳炎經過治療後仍然有積水，怎麼辦？

A 中耳積水指的是中耳腔有積水但無急性感染的臨床症狀（發燒、耳痛），通常發生於急性中耳炎之後。

急性中耳炎之後約有百分之四十的寶寶在一個月時仍有中耳積水，百分之二十在二個月仍有積液，百分之十會持續到三個月。

發生中耳積水，一般會觀察追蹤至三個月，如果三個月後中耳積液仍然沒有消退，則應考慮放置中耳通氣管。

但如果有明顯的聽力受損，經醫師判定短時間內中耳積液不易消退，且會影響幼童語言發展，可以提前施行中耳通氣管置入手術。

雖然中耳炎是幼童常見的感冒併發症，若能讓嬰幼童多喝母乳、避免二手菸的危害、擤鼻涕時勿捏緊鼻孔、勿平躺喝牛奶且減少感冒的次數（如避免與感冒之病童在一起玩耍和施打疫苗），則會降低罹患中耳炎的機會。

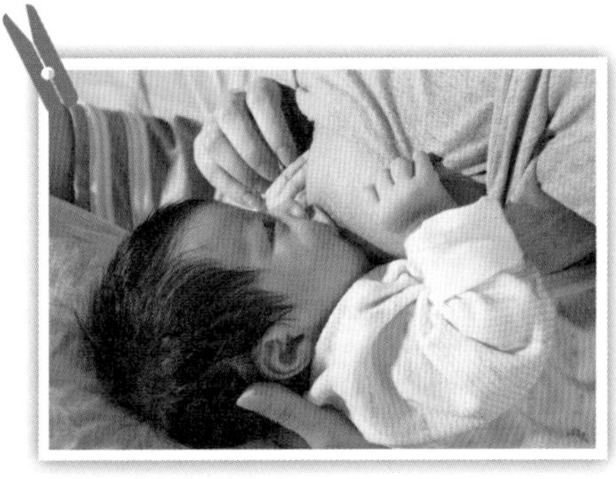

⇧喝母奶可降低罹患中耳炎的機會。

寶寶的預防針問題

在嬰幼兒階段，傳染病是最常見的嬰幼兒疾病。與其煩惱不知給寶寶吃什麼補品，才可以增加抵抗力，還不如給寶寶接種疫苗才是最經濟且有效的預防措施。

疫苗分成兩種：

＊不活化疫苗（A、B型肝炎、五合一、流感、肺炎鏈球菌）。

＊活性減毒疫苗（卡介苗、麻疹、德國麻疹、腮腺炎、水痘、輪狀病毒、日本腦炎）。

下列情形非接種疫苗的禁忌，有下面的狀況仍可以施打，包括：

❶症狀輕微並低度發燒或輕微腹瀉。

❷使用抗生素或在疾病的恢復期。

❸孩童的母親或其他家庭成員有懷孕。

❹孩童本身有氣喘、異位性皮膚炎、或過敏性鼻炎。

❺營養不良。

寶寶的疫苗Q&A

Q1 寶寶可以同時接種多種疫苗嗎？

A 每種疫苗可不可以同時接種，會不會互相影響效果或造成寶寶不適，在疫苗上市之前都已做過研究，所以父母不用擔心。至於哪些疫苗可以同時接種或延後一個月，可以用下列通用的原則來概括這些情形，這包括以下各點：

❶不同的非活化疫苗：可同時（分開不同部位接種）或間隔任何時間接種。

❷活性減毒疫苗：可同時（分開不同部位接種），如不同時接種，最少要間隔一個月。如為口服活性減毒疫苗則可與其他活性減毒注射式疫苗同時或間隔任何時間接種。

❸非活化疫苗與活性減毒疫苗：可同時或間隔任何時間接種，但黃熱病與霍亂疫苗應間隔三週以上。

Q2 打預防針注意事項？

A 預防針要依建議年齡完成接種，才能達到最佳的免疫效果，在每一個疾病高峰期來臨前，提供適當的保護力。有些疫苗有年齡的限制如輪狀病毒疫苗（兩劑型的必須在六個月大內接種完成，三劑型的必須在八個月大內接種完成）、肺炎鏈球菌疫苗（兩個月大到六歲以下之嬰幼兒），若要接種，必須及時。

所有疫苗都有副作用，主要是局部的反應（紅、腫、痛）和發燒，但這些副作用的嚴重度絕對不比疾病本身造成的高；況且這些疫苗都經過美國或歐洲藥品上市的嚴格審查，國外的寶寶都打過了，才能進到台灣來。千萬不要聽信謠言或未經查證的媒體報導，而拒絕給寶寶接種疫苗！

打完疫苗之後，父母最擔心發燒的問題，疫苗引起的發燒一至二天內就會緩解，在此時間，如果寶寶因發燒而產生不舒服，可使用醫師準備的退燒藥。

至於發燒的時間點，麻疹及水痘大約在打完五到十二天之間，五合一疫苗則是在兩天內。**發燒的時間若拖太久或不在預計的時間內發燒就要懷疑有其他的病因。**

Q3 打預防針會不會讓寶寶變得沒有抵抗力？

A 疫苗是將對人體無害的病原體注入人體，像是死菌或是減毒的活菌，讓人體在低風險的情況下面對類似自然感染的情形，讓自己的免疫系統先產生記憶和抗體，這樣當面對真正的病菌入侵時，便能快速的產生反應，有效的消滅病菌，保護人體。

所以打預防針不是直接給予抗體，是讓寶寶自己產生自己的抵抗力，而非抑制寶寶的抵抗力。

Q4 預防針有很多要自費，該如何選擇？

A 政府在推動公費疫苗施打順序不外乎考慮：此疾病在台灣的盛行率及感染後的風險、疫苗的有效性和安全性、疫苗的副作用。當然，政府的預算有限，所以仍有許多疫苗仍須自費，但並不表示寶寶不需要施打。

基本上，打預防針就像買保險、騎車戴安全帽、開車繫安全帶般，期望真正遇到疾病時能將傷害降到最低。如不知該不該施打此種自費疫苗，最簡單的方式就是參考每個縣市的作法，如果已有縣市補助此疫苗，這個疫苗就值得也應該接種。

Q5 接種了流感疫苗，還得到感冒，是不是疫苗沒效？

A 流感疫苗為一種不活化的疫苗，由於病毒時常變異，故世界衛生組織會根據全球監測的資料，每年二月開會來推測當年可能流行的病毒株而用以製造疫苗。疫苗的保護效果需視當年使用的病毒株與實際流行的病毒株型別是否相符而定。所以已接流感疫苗，並不代表一定不會得到流感，而是可以降低得到流感的機率。

至於接種流感疫苗是預防流感，而非一般的感冒，流感與感冒不同，但許多人常分不清楚。

其實每種疫苗的防護都沒有辦法到達百分之百，以B型肝炎為例，防護效果介於百分之八十至百分之九十間，而水痘疫苗則有百分之九十五，但對整體的免疫力而言，確實有其效果。

Q6 施打流感疫苗安全嗎？去哪裡施打比較好？

A 流感疫苗是一種相當安全且有效的疫苗，接種後六至十二小時內少數人可能會有注射部位疼痛、紅腫，倦怠的輕微反應，四十八小時內約有百分之一至二可能會有發燒反應，但這些不舒服的症狀一般會在接種後一至二天恢復。

在哪裡施打疫苗其實都差不多，只要選擇有兒科專科醫師看診的地方就可以了。

Q7 小朋友在感冒期間能不能施打預防針？

A 若在感冒的初期（急性期），由於可能有發燒等後續症狀，容易與接種疫苗後產生的發燒混淆，所以此時不建議打預防針，但若在感冒的後期，已經沒燒了且只有輕微的症狀，經醫師檢查後沒有問題是可以打預防針的，並沒有說要隔多久才可以打針。

Q8 寶寶吃蛋會過敏，是否可以施打流感疫苗？

A 答案請詳見本書第248頁。

寶寶的餵藥問題

藥物是治療疾病的一部分，有些藥物是用來緩解症狀，有些藥物（抗生素）是用來殺菌，緩解的藥物只要等寶寶的症狀改善，即可不吃，如果沒有緩解，也不能自行增加劑量、次數，而抗生素的使用則有一定的療程，所以在醫師開藥時，父母要確實問清楚。

如果醫師開的是藥水，餵藥前最好使用針筒或滴管抽取藥水，而非用量杯，因為用量杯給藥，正確率只有百分之三十至五十，而用滴管或針筒正確率有百分之八十五。

至於餵藥的方法可以使用餵藥器、針筒、小湯匙、圓形底部的小茶杯或奶嘴餵。

寶寶的餵藥 Q&A

Q1 孩子不喜歡吃藥，可不可以將藥加入牛奶或果汁裡？

A 藥品不要加到牛奶裡，因牛奶、果汁含豐富礦物質，有可能會與藥品產生交互作用而影響藥效；牛奶溫度也可能會使藥品變質，味道不對，萬一小寶寶把摻有藥粉的牛奶吐出來，或沒有喝完，我們便不知道小寶寶到底吃了多少藥，要補多少劑量。

餵寶寶吃藥對父母真是一大考驗，每個寶寶氣質、個性不同，對於嬰兒而言，父母很難道德勸說，藥只要不合寶寶胃口，下次就很難再餵得進去，所以最好餵藥的方式是「快、狠、準」：

❶ 不要在剛吃完奶後餵。

❷ 藥水越少越好。

❸ 分越少次餵越好。

❹ 藥停留在口腔的時間越短越好，餵藥後，趕快餵開水沖淡味道。

吃藥時最好搭配著溫開水，如果藥很難入口，可以混著果凍、香蕉、冰淇淋、布丁（以上食物限六個月以上吃過副食品的寶寶）給予，不過領藥前最好還是向藥師確認。

Q2 藥水開封後還可以使用多久？

A 小朋友的藥水，通常罐子外面會標示有效日期，假如藥水開封後，建議應不要超過一至二週，因為藥水開封後即與空氣有接觸，就不適合放久了，而眼藥水開封後，最多使用一個月。

許多父母會將開封後的感冒藥水放在冰箱以延長它的保存期限，這是不對的，**感冒藥水不管開不開封都不應該放在冰箱，因為溫度過低會使得藥物溶解度改變而讓藥物結晶，導致變質。**

至於有些抗生素藥粉泡水後應該放在冰箱內保存，領藥前要先向藥師確認。

Q3 不同的藥可以混在一起吃嗎？

A 最好還是分開餵，有些藥分開吃還好，加在一起吃味道反而變得奇怪，而且寶寶如果不肯吃，等於都沒吃到，萬一吐出來，也不知道該補多少。

Q4 寶寶吃藥之後把藥吐出來，藥補餵嗎？

A 若於服用藥物後三十分鐘內大量嘔吐，則需要再給予一次劑量；若發生在三十分鐘至一小時內嘔吐，可再補充半次劑量；如果是在服用藥物二小時之後才發生嘔吐，因大部分藥物已進入小腸，所以不需要再補充藥物。

Q5 寶寶吃了藥，仍在咳嗽、發燒，是不是沒效？

A 寶寶所服用的處方藥，一般都是症狀治療，緩解寶寶不舒服的症狀，幫助寶寶自然痊癒，所以當然不可能像變魔術一樣，馬上藥到病除，況且，有些藥物的作用也要一兩天後才會明顯，所以若寶寶活動力、食慾尚好，父母可以在家觀察二至三天，若沒改善或情況惡化，再帶寶寶去看醫師。

Q6 寶寶發燒持續三天以上，服用退燒藥就退燒，藥效退了又立即發燒，是否需就醫？

A 需不需要立即就醫，重點是觀察寶寶退燒之後的食慾、活動力和睡眠狀態有沒有很差。一般上呼吸道或腸胃道病毒感染所引起的發燒大多不會超過三天，所以如果發燒超過三天，應該持續就醫尋找有無其他特殊病因。

Q7 不同的退燒藥是否可合併服用？

A 不建議一次同時給予兩種以上退燒藥，但顧及少數發炎嚴重者，使用一種退燒藥的效果可能有限，可考慮於特殊情況下輪流使用兩種退燒藥，但必須依醫師指示。

照著養，爸媽不緊張，寶寶超健康〔修訂版〕

作　　者／湯國廷
主　　編／陳雯琪
總 編 輯／林小鈴

行銷業務／洪沛澤
行銷副理／王維君
業務經理／羅越華
發 行 人／何飛鵬

出　　版／新手父母出版
城邦文化事業股份有限公司
台北市中山區民生東路二段 141 號 8 樓
電話：(02) 2500-7008　傳真：(02) 2502-7676
E-mail：bwp.service@cite.com.tw

發　　行／英屬蓋曼群島商家庭傳媒股份有限公司城邦分公司
台北市中山區民生東路二段 141 號 11 樓
讀者服務專線：02-2500-7718；02-2500-7719
24 小時傳真服務：02-2500-1900；02-2500-1991
讀者服務信箱 E-mail：service@readingclub.com.tw
劃撥帳號：19863813
戶名：書虫股份有限公司

香港發行所／城邦（香港）出版集團有限公司
香港灣仔駱克道 193 號東超商業中心 1F
電話：(852) 2508-6231　傳真：(852) 2578-9337
E-mail：hkcite@biznetvigator.com

馬新發行所／城邦（馬新）出版集團 Cite(M) Sdn. Bhd. (458372 U)
11, Jalan 30D/146, Desa Tasik,
Sungai Besi, 57000 Kuala Lumpur, Malaysia.
電話：(603) 90563833　傳真：(603) 90562833

封面設計／徐思文
內頁排版／邱芳芸
製版印刷／卡樂彩色製版印刷有限公司

2018 年 02 月 09 日 修訂 1 刷　　Printed in Taiwan
定價 330 元
ISBN 978-986-6616-85-3
EAN 471-770-290-249-0

國家圖書館出版品預行編目 (CIP) 資料

照著養，爸媽不緊張，寶寶超健康 / 湯國廷著
一 初版 .一 臺北市 : 新手父母 , 城邦文化出版 : 家庭傳媒城邦分公司發行 , 2013.01
面；　公分 . -- (育兒通系列 ; SR0065)
ISBN 978-986-6616-85-3(平裝)
1. 育兒

428　　101026922